仅有一次的人生，要酣畅淋漓地活

李正伟◎编著

中国纺织出版社有限公司

内 容 提 要

人生苦短，须臾即逝，我们每个人心中都有向往的“诗和远方”，但却只是想想而已，害怕为之付诸实践。然而，很多事如果现在不做，一辈子可能都做不了，我们每个人都应该追随内心，酣畅淋漓地生活。

这是一本让你读懂当下和未来，职场与生活的成长之书，本书告诉人们在人生路上，唯有立即去做，无所顾忌、酣畅淋漓地生活，不被条条框框所束缚，才会不留遗憾，才不辜负这仅有一次的人生！

图书在版编目（CIP）数据

仅有一次的人生，要酣畅淋漓地活 / 李正伟编著. --北京：中国纺织出版社有限公司，2021.3
ISBN 978-7-5180-7312-2

Ⅰ. ①仅… Ⅱ. ①李… Ⅲ. ①成功心理—通俗读物 Ⅳ. ①B848.4-49

中国版本图书馆CIP数据核字（2020）第062547号

责任编辑：闫　星　　责任校对：高　涵　　责任印制：储志伟

中国纺织出版社有限公司出版发行
地址：北京市朝阳区百子湾东里A407号楼　邮政编码：100124
销售电话：010—67004422　传真：010—87155801
http; //www.c-textilep.com
中国纺织出版社天猫旗舰店
官方微博http; //weibo.com/2119887771
三河市宏盛印务有限公司印刷　各地新华书店经销
2021年3月第1版第1次印刷
开本：880×1230　1/32　印张：6.5
字数：127千字　定价：39.80元

凡购本书，如有缺页、倒页、脱页，由本社图书营销中心调换

推荐序

正伟其人，阳光、健朗、帅气而文艺，是女人欣赏，男人也欣赏的那种男人。

认识正伟，是十年前的事，那时，我在上海接受人本教练训练，他是我的带班教练。一次，课程结束得晚，眼看我回武汉的航班就要赶不上了，我在那急得跳脚，准备放弃。一向表现温雅的正伟，一把拽过我的行李，说："我送你，一定赶上！"说完便开来他那辆越野车，在上海市区的公路上风驰电掣。我坐在他车上提心吊胆，抓着护把的手冒着汗，用眼瞪他，说："你开飞机啊？"他笑嘻嘻地说："我就是开飞机的呀！"

一路上，他给我"放水"，我才搞清他这个教练，原来是一名飞行员，自己开办过公司，还跨许多行业做过企业高管。而且向我透露他刚学做人本教练，以后还想当导师的秘密，搞得我瞠目结舌。

十年后，正伟给我发来他写的书稿《仅有一次的人生，要酣畅淋漓地活》，让我看看，我以检视的眼光，每晚躺在床上，打开手机里的文档，慢慢阅读，心中却总有一股激情涌动。

在我们每个人的心中，时时都在抒写一首 "远方的诗"。然而，因为犹豫而迈不开脚步，因为懦弱而步履维艰，因为受挫而中途退缩，到头来，韶华尽逝，空悲切，远方无诗！

正伟其书——《仅有一次的人生，要酣畅淋漓地活》，直抒胸臆，平实而发人深省，虽书稿文笔稍显青涩，然瑕不掩瑜，他用他那颗“心无界、爱无限”的大爱之心，传播着满满的正能量；用他丰富的人生经历，证实着每一条人生的哲理。至于青年，或于失落，或于迷茫，或于痛苦时，细细品读，如沐邻家大哥明媚阳光，总能使你激情涌动，激励着你打点行装，即刻启程，用脚步去书写属于自己“远方的诗”。

生命对于我们每一个人，只有一次，绝无重来。正伟爱心流淌，愿天下同胞，不负韶华，酣畅淋漓地活着，并交给我们一把开启人生旅程的钥匙，让每个生命都活得精彩。

书由心生，文如其人。正伟其人、其书，人可交，书可读。谢谢正伟！

刘大一

2020年4月23日于武昌水果湖

目 录

contents

第1章　青春这场大雨，再淋一次也不后悔 ◎001

自己的人生走自己的路 ◎002

对待生命不妨大胆一点 ◎005

人生，就是一次又一次自我超越 ◎008

心若在，梦就在，人生才能充满希望 ◎012

失败了还可以从头再来，不要认输 ◎015

人生的不同阶段，有不同的任务 ◎018

第2章　长大后，依然要把理想说给世界听 ◎021

用梦想为每一个平凡的日子加温 ◎022

舍弃理想，便会在心中撒下被嘲笑的种子 ◎026

梦想是人生的引航灯 ◎029

只要有梦想，何时都不晚 ◎032

不管你的年纪有多大，都可以勇敢追梦 ◎035

第3章　快点跑，趁现在还来得及 ◎037

每个成功都有个简单的开始 ◎038

梦想有时是个痛快的决定 ◎041

有些事现在不做，一辈子都不会做了 ◎044
成功并非必需品，适度执着就好 ◎047
一无所有，也许恰恰是争取所有的好契机 ◎050
现在努力，总有一天你会变得很棒 ◎053

第4章　把每一秒都当成一辈子 ◎057

感恩生命的赐予，珍惜生命的每一天 ◎058
妒忌是毒瘤，需尽早铲除 ◎060
人生如戏，却没有重演的机会 ◎063
要把今天当成生命中的唯一一天 ◎066
立足当下，珍视现在就是营造最好的未来 ◎069
最快乐的时刻就是活在当下 ◎071

第5章　无关生死的，都是小事 ◎073

坦然接受无法改变的现实 ◎074
每个人都要为生命中的错误买单 ◎077
忍让，也是聪明的人常常采取的策略 ◎081
塞翁失马，焉知祸福 ◎084
与无所谓的焦虑说再见 ◎086
清空糟糕情绪，坦然面对人生 ◎090

第6章　学会和这个世界友好相处 ◎095

会休息的人才能更好地工作与生活 ◎096

学会调适，压力不是阻力 ◎100

凡事独立思考，不人云亦云 ◎104

何必逼自己，凡事莫强求 ◎108

别指望所有人都喜欢你 ◎112

既然世界无法改变，我们唯有学会适应 ◎116

第7章　总有一些路只能在黑暗中独自前行 ◎119

在坎坷的人生路口选择坚强 ◎120

流泪撒种的，必欢呼收割 ◎123

当你陷入痛苦的泥沼，最好的办法就是自我拥抱 ◎126

脚下的泥泞，终将为你的人生带来花开满径 ◎129

良好的心态，才能帮助我们苦中作乐 ◎132

有梦想的人，总要熬过人生中最晦暗的时刻 ◎135

第8章　感谢离你而去的，珍惜近在眼前的 ◎139

与自己相处，没有回头路 ◎140

谢谢你离开我 ◎144

怀念过去但不要逃避现实 ◎147

失去，让你更懂得珍惜 ◎151

幸福是把握拥有，而非这山望着那山高 ◎154

第9章　大道至简，做自己的主人 ◎159

简化生活，给疯长的大树修剪枝叶 ◎160

学会笑纳命运给予你的一切 ◎164

向简而生，向心而栖 ◎168

等待美好，爱情不将就 ◎171

做自己的主人 ◎174

为自己寻找一个积极而有意义的目标 ◎177

第10章　生命美好又短暂，但值得我们全力以赴 ◎181

人生苦短，且行且珍惜 ◎182

命运掌握在我们自己手中 ◎185

幸福的滋味，只在于我们热爱万物的心中 ◎187

漫漫人生也需要加油 ◎190

岁月静好的人生，如何才能继续下去 ◎193

认真地生活好每一天 ◎195

参考文献 ◎199

第1章

青春这场大雨，再淋一次也不后悔

自己的人生走自己的路

曾有一名助理教授常常鼓励学生们要勇于做自己命运的主宰者，他总说要把他人善意的“忠告”全当耳旁风，他的成功学就是“充耳不闻”。其实，我们每个人在小的时候总是幻想自己长大了成为一个伟人，或者世界首富，可是后来呢？现实总是残酷的，当我们随着年龄的增长，各种各样的压力也来了，而我们的耳边总是充斥着“不实际、愚蠢、做白日梦”等等的嘲笑。确实，人们的建议会有一些合理的成分，但自己的人生之路还是需要自己去走，不能仰仗别人的帮助。

一群蛤蟆在比赛看谁先到一座高塔的顶端，而它们的周围则是一大群的蛤蟆在观看，可是看的不是比赛，而是它们的笑话，比赛还没有开始，就是一片嘘声：“太难为它们了，它们不管怎么样都不会成功的……”比赛的蛤蟆听见后，都开始泄气了，可是还是有些蛤蟆不为所动地向高塔爬去。

当比赛进行的时候，一只只的蛤蟆在别人的嘲笑声中放弃了比赛，可是唯有一只蛤蟆好像什么都听不见一样，一如既往地向前爬，当比赛结束时，除了它以惊人的毅力坚持了下来，并没有其他的蛤蟆爬上高塔。

其他的蛤蟆都很好奇，想知道它是怎么做到的，可是当它们围过去后才发现，这只成功的蛤蟆其实已经聋了。

之所以要走自己的路，完全是因为我们每个人都是独特的——永远不要忘记这一点！尽管每一枚雪花都是六角形的，却没有完全相同的两片雪花；我们人也一样，尽管人海茫茫，但谁也找不到两个外貌、个性和特长一样的人。

一个双目失明的大学毕业生，经过了不为人知的努力才找到一份调琴师的工作，可是，当他回去跟亲人说此事的时候，没有想象中的祝福，只有冷漠的嘲讽，“你的眼睛都瞎了，并不适合做这一行，你看，要不了多久，你的老板就会把你炒掉。”可是大学生还是坚信自己能做好这份工作，他总是对亲人说：“我虽然眼睛瞎了，但是我的耳朵还是好的，而且很灵敏，我相信我自己能做好这个工作。”

亲人们看劝不回来他，只能随他去，因为他们一直都认为，他做不了多久就会被老板炒掉，到时候他还是会回来的。但是，那位大学生知道自己的不足，所以他比其他的人更努力、更吃苦，老板被他的精神感动了，经常会指点他，就这样他的技术提高得很快，而且一直被老板重用。最后，他经过自己的努力，成为一个专业的调琴大师，而且开了一家属于自己的调琴公司。

如果案例中那位双目失明的大学生没有坚持自己的人生，

又怎么会有后面的辉煌成就呢？其实，在很多时候，过多地注重别人的意见是一种错误的行为，因为这样会让我们原来坚定的心动摇，只有自己下定决心走下去才是最重要的。

我们不管是在一个国家或者一个家庭里，并不是无人可替的，现在是一个科学技术日新月异的社会，每时每刻都充满了竞争，我们要想在这个社会里一直拥有自己的优势，那很困难。因此，我们不用等到所有的人都仰视自己的时候才快乐，我们应该记住，快乐是自己的，人生也是自己的。

面对别人的不同意见，我们该如何做呢？

1. 我们的人生是独一无二的

尽管有的时候我们做的事情是一样的，可能我们的工作别人也做得来，我们每个人总是有多多少少的相同之处，但是要知道，自己就是自己，每个人都是一个不可或缺的风景线，正因为我们都是不同的人，我们都有自己独特的思想，才决定了我们做的事情还是有自己的独特之处。

2. 坚持自己的意见

人的一生总是活在流言蜚语中，当我们得意时会誉满天下，而当我们失意的时候，又会有斥责的声音。从小我们就被灌输固定的思维模式，非对即错，世界就是最简单的黑白颜色，我们所做的事情也会十分简单，对错鲜明，不管我们做了什么事情，总有人说三道四、指手画脚。如果我们因为这样几句话就自乱阵脚，那只能说我们的自信心不足，不管对方说什么，只要我们的决定或意见是经过认真思考的，那我们就应该坚持下去，毫不动摇。

对待生命不妨大胆一点

你要搞清楚自己人生的剧本——不是你父母的续集，不是你子女的前传，更不是你朋友的外篇。对待生命你不妨大胆冒险一点， 因为好歹你要失去它。如果这世界上真有奇迹，那只是努力的另一个名字。生命中最难的阶段不是没有人懂你，而是你不懂你自己。

追求成功的路上，难免会遇到一些困难，逃避无济于事，只有正面迎击，困难才会解决。有时候，你会发现那些所谓的困难与麻烦只不过是恐惧心理在作怪，每个人的勇气都不是天生的，没有谁是一生下来就充满自信的，只有勇于尝试才能锻炼出勇气。

一个人只有克服了怯懦，才会在生活中始终乐观而健康。你若失去了财产，你只失去了一丁点；你若失去了荣誉，你就丢掉了很多；你若失掉了勇敢，你就把一切都失掉了。“勇敢”是一个想获得成功的人必不可少的品质。要取得成就有很

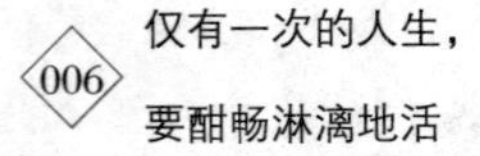

多必要条件，其中的一条非常重要，那就是：勇气。

稻盛和夫是日本京瓷公司的创始人，曾有记者问他：身为两个世界500强企业的缔造者，你被尊称为“经营之圣”，你认为企业经营成功的最大秘诀是什么？稻盛和夫的回答是：“成功的两大因素：缜密计划和前期准备。”

他在他的《活法》一书中写道：“在挑战无人尝试过的事情时，不可避免会遭到周围的反对和抗拒。但是，如果自己心中有‘我做得到’的坚定信念，能够描绘已经实现的景象，就应该大胆宣传这个设想。设想本身应该基于超大胆的‘乐观论’，打开想象的翅膀，并在周围聚集一些积极发表意见的乐观派人士。”

稻盛和夫是个爱思考的人，在他经营公司的过程中，每当他头脑里灵光闪现、出现新的想法时，他都会召集干部们加以讨论。面对这样的讨论，不同的人给稻盛和夫的意见是不一样的。“那些从大学里出来的高才生们反应冷淡，多数时候甚至向我说明这个主意是多么脱离现实、多么欠斟酌。他们的话也有一番道理，分析也非常敏锐，列举的全是不可行的理由。因此，再好的主意在遭到泼冷水后也会被放弃，本来可以做成的事情也做不成了。”

在稻盛和夫的热情几次被浇灭后，他发现，应该彻底更换商量的对象，这些大学生很聪明，但思维太悲观。因此，他决定和那些积极的人讨论，他们会告诉他：“这样很有趣，试试吧。”即使这些人在日常工作中挺马大哈的，但至少他们的意见是有鼓舞作用的。因为在一件事情的推敲设想阶段，很需要这种积极乐观的态度。

事实证明，稻盛和夫是个“兼听”的人，他认为，积极的态度有利于梦想的设立，但在设想向具体计划转移时，则应该以悲观理性的分析为主，必须想象所有可能存在的风险，慎重、小心、严密地推敲计划。当然，大胆和乐观在这一阶段始终是有效的。

在实现梦想的过程中，你不妨也记住稻盛和夫的话：一旦从计划转入落实阶段，则再次基于乐观论，坚定不移地开始行动。也就是说，“乐观地设想、悲观地计划、愉快地执行”，这在成就某些事情、变愿望为现实上是非常必要的。

我们发现，一些人在行动前，总是会给自己的胆怯找一些借口，如对手太强、困难太多、状况太差等，一旦你内心充满恐惧，即使你再有潜力、具备再多的成功条件，你也会最终失败。也有人说，无畏是灵魂的一种杰出力量，正是靠这种力量，成功者在遇到困境时才能以一种平静的心态把持自己，从而控制自己的怯弱，最终战胜困难，走出困境。

恐惧是获得胜利的最大障碍。你若失去了勇敢，你就失去了一切。而现实中的恐怖，远比不上想象中的恐怖那么可怕。

很多时候，成功就像攀爬铁索，失败的原因不是智商的低下，也不是力量的单薄，而是威慑自己的无形障碍。如果我们敢于做自己害怕的事，害怕就必然会消失。

那么，面对内心的担忧、恐惧，我们该如何做呢？

1. 学会转换思维

例如，同样面对半杯水，对于乐观旷达、心态积极的人而言，是：“哈，真高兴我还有半杯水！”对那些悲观沮丧、患得患失的人而言，则是：“唉，只有半杯水了，这该如何是好呀？”

2. 做好最坏的打算

谚语常说：“能解决的事不必去担心，不能解决的事担心也没用。”这样一想，你会发现，在最坏的情况面前，也没什么可忧虑的，那么，你也就能变得积极了。

总之，做任何事之前，如果你不能自己除掉恐惧，那样的阴影会跟着你，变成一种逃也逃不了的遗憾。不要因为恐惧、失望而害怕尝试。一旦你正面面对恐惧，很多恐惧都会被击败。既然困难不能凭空消失，那就勇敢去克服吧！

人生，就是一次又一次自我超越

每当炎热的夏季到来，农村的孩子们总会在地上找到很多蝉蜕下来的皮。其实，不仅是蝉，自然界中的很多生物都要经历一次次蜕皮，例如蛇、金秋十月人们最爱吃的大闸蟹，都要经过蜕皮或蜕壳，才能不断成长。实际上，对于任何动物而言蜕皮都是艰难的过程，也充满了危险。但是如果不蜕皮，就会因为被又窄又小的皮禁锢，从而导致无法成长，最终结束生命。和蜕皮的危险相比，生命显然更加珍贵，因而动物们依然义无反顾地蜕皮。人的皮肤是具有无限弹性的，可以根据人的生长情况不停地生长，所以人不用蜕皮。但是这仅仅是从生理的角度而言，如果从心理的角度来看，人也同样需要蜕皮。从小到大，人的精神不断地发生蜕变，随着身体的渐渐发育，人的心理世界也逐渐成熟。随着人生的推进，人们也面对越来越多的困难和挑战，因而总是需要不停地历练自己。也许昨日还是力所不及的事情，今天你就不得不硬着头皮超越自己的极限，竭尽全力地提升自己，让自己不断进步，勇往直前。

从本质上来说，人生就是一次又一次超越。人在超越的过程中不断成长，也在超越的过程中发现自己的不足，从而不断弥补自身的缺点和短处，帮助自己更好地成长。没有人的人生是一帆风顺的，每个人在一生之中都难免遇到很多突发的意外，也许当时会因为这些意外感到万分担忧，但是事后回想起来，自己却因为得到了历练，而使得人生更加丰盈厚重。人生之魅力正在于无法预知。虽然我们知道未来的人生必然面临坎坷和挫折，但是也没有必要为此杞人忧天。该来的总是要来的，兵来将挡，水来土掩，人生才能更加从容不迫。

1990年，孟非在高考中因为数理化三科的成绩拖累，文科成绩仅次于江苏省文科状元的他，居然落榜了。他原本准备复读，但是学校看到他的数理化成绩都不愿意接收他，因而他不得不背起行囊去深圳打工。出乎他的预料，深圳并非遍地是黄金。他一连找工作十几天，都毫无结果。眼看着口袋里的钱就要花完了，无奈之下，孟非只好去当搬运工，每天风餐露宿，朝不保夕，还经常被工头责骂。如此一周的时间过去了，孟非扪心自问：“我难道一辈子都要这么生活吗？”在懊恼之中，他无比怀念当初在学校的生活，也深深意识到只有知识才能改变命运。为此，孟非果断离开深圳，回到南京，参加了成人高考。他先是参加了南京师范大学的中文专科函授班，一边工作，一边学习。在顺利拿下专科文凭之后，他得知江苏电视台文艺部体育组需要招聘一名接待员，因而抓住这个千载难逢的机会，毫不犹豫地去面试、应聘。因为接待员主要从事勤杂工作，所以身强体壮的孟非很快就被录用了。在一年多的时间里，他一直做着默默无闻的工作，他不甘心自己的一辈子就这样度过。他给自己定了一个目标，成为记者。从此之后，他每天早出晚归，借助各种机会和台里的记者套近乎，还主动帮助很多老记者扛摄像机。尽管很多临时工看到孟非忙前忙后，都嘲笑他傻，但是他从未放弃努力。记者们对勤快的孟非印象很好，也都非常愿意教他。渐渐地，有些老记者把一些瞧不上眼的小新闻交给孟非去做，做好之后署上老记者的名字。虽然没有任何功名成就，孟非却乐此不疲。后来，孟非渐渐开始署自己的名字，也偶尔出现在电视上。这时，领导慧眼识珠，居然破格同意孟非正式开始跑新闻。由于工作压力大，也因为孟非一心想要做出点儿名堂来，所以他经常透支身体，通宵达旦地工作。渐渐地，他的工作能力得到领导的认可，领导开始把一些重要的题材交给他负责。就这样，孟非成为一名真正的记者。因为工作劳碌，他的头发开始脱落，他索性剃光了头，成就了自己独特的形象。如今的孟非已非当日可比，他非但成为江苏电视台的当家主持人，而且还把“非诚勿扰”办得风生水起，红遍了世界各地。

如今在南京，提起孟非定是无人不知、无人不晓。即便是在世界范围内，提起“非诚勿扰”，也很有名气。孟非从一个高考落榜的打工者，到成为今日江苏卫视的当家主持人，其间无疑经历了很多辛苦和劳累。但是他在困难面前从未放弃，而是一步一个台阶，不断地激励自己进步，也帮助自己赢得了成功的人生。

人生不如意十之八九，任何情况下，我们都要坦然面对人生的坎坷挫折和磨难，这样才能战胜困难、超越自己，也收获人生。

心若在，梦就在，人生才能充满希望

人生中，总是既有顺境也有逆境。一个人运气再好，也不可能始终处于顺境；一个人即使运气再坏，也不可能永远处于逆境。顺境和逆境，总是以一定的交替方式出现在我们的人生之中，每个人只有在顺境之中不骄傲，在逆境之中不气馁，才能从容迈过人生的沟沟坎坎，帮助自己享有美好的人生。

很多人一旦遭遇逆境，就会彻底绝望，甚至还没有被逆境打倒之前，就先自己把自己吓怕了，因而彻底绝望。这样的人根本不会拥有成功的人生，等待他们的只有失望、沮丧和绝望。相反，那些心中永远怀有希望的人，即使遭遇了人生的失望，也依然能够鼓起勇气面对人生的诸多刁难。他们就像打不死的小强，只要一息尚存，就永不放弃努力。记住，在绝望的人眼中，逆境就像是难以逾越的海洋，而在积极乐观的人眼中，逆境就像是一道小小的沟壑，也许轻轻一跃就能跳过去。归根结底，希望还是存在于人的心里，只有希望在，梦才在，人也才能满怀信心地活着。

当然，人的本性就是畏难。面对艰难险阻，人们难免会产生畏惧的心理，甚至感到无能为力。正如一位名人所说，人的先天条件其实相差无几，那些成功的人之所以能够成功，就是因为他们多了几分坚持，多了几分无畏。畏惧逆境总会使人走向平庸，强者和弱者的区别就在于是否能够坦然面对人生的逆境，并且从容地应对逆境。很多时候，当人生处于逆境时，也恰恰是艰难的抉择时刻。我们就像站在十字路口，根本不知道自己应该何去何从。记住，看上去金光闪闪的大道未必适合你，更多的情况下，只有适合自己的道路才是最好的，也才能促使你拥有成功的人生。

面对逆境，千万不要缴械投降，没到最后关头，谁也不知道结局将会是怎样的。正如刘欢的歌里所唱的，心若在，梦就在，我们也要说，心若在，梦就在，人生的希望就在。

安徒生很小就失去了父亲，与母亲相依为命地生活。他们母子俩的生活非常艰难，常常陷入困窘之中。有一天，安徒生和小伙伴们受邀去皇宫拜见王子，以求得赏赐。安徒生小小的心里充满了希望，他唱着歌儿，还满怀激情地诵读剧本。等到安徒生表演结束后，王子亲切地问："小朋友，请问我能帮你什么呢？"安徒生毫不迟疑地说："我想创作剧本，在皇家剧院里演出我的剧本。"

看着眼前这个眼神忧郁、大鼻头的男孩，王子不由得觉得好笑，说："你可知道创作剧本比朗诵剧本难多了呢！我觉得你最好还是去学一样手艺，以后也能勉强混口饭吃！"安徒生虽然把王子的话听在耳朵里，心中却觉得不以为然。回到家里之后，他拿出储钱罐里的所有积蓄，和妈妈告别之后，就独身一人去了哥本哈根，他决定要追求自己的梦想。

在哥本哈根，无依无靠的安徒生流浪了很久，一直在试图得到贵族的帮助。虽然遭受到无数次拒绝，但是他从未退缩过。他坚持创作，不但写爱情小说，还会创作激情澎湃的史诗，这一切都未能使他得到人们的关注。虽然安徒生很悲伤，但是从未放弃希望。他继续笔不辍耕地写着，直到1982年，他的几篇童话故事突然引起巨大的反响，得到了很多儿童的喜爱。那一年，30岁的安徒生终于看到了希望的曙光。从此之后，他一发而不可收拾，创作了很多经典的童话故事，得到了世界各国儿童的喜爱。

安徒生的经历告诉我们，任何时候，只要认准了一件事情，我们就要坚定不移地去做。尤其是在遭受坎坷和挫折的时候，我们更不应该放弃，而是为了自己的梦想不懈努力。假如安徒生在王子劝说他学习手艺时就放弃梦想，那么世界上就会少了一个伟大的童话作家，孩子们也就少了那些脍炙人口的童话故事。

朋友们，人生之中既有宽阔的大路，也有崎岖的小路。任何时候，不管我们走的是阳关大道还是泥泞小道，我们都应该牢记自己的梦想和人生的方向，向着既定的目标不懈前进。记住，成功永远属于心中有希望的人！

失败了还可以从头再来，不要认输

在海明威的《老人与海》中，桑迪亚哥老人虽然钓到了一条大马哈鱼，但是最终却遭到鲨鱼的袭击，在与鲨鱼奋战几天几夜之后，他才拖着这条大马哈鱼的骨架子精疲力竭地回到家里。可想而知，一个人在海上，没有食物，只有少量的水，桑迪亚哥老人到底是如何奋力坚持下来的。其实，他靠的就是一种顽强不屈、绝不认输的精神。正如他所说的，一个人尽可以被打倒，就是不能被打败。从他的话中，从他的经历中，我们不难发现，一个人是否能够傲然挺立于天地之间，实际上就取决于心中的那口气。只要精神不倒，我们就能永远屹立，一切外在的困难都无法打倒我们，除非我们的生命结束。

人生在世，不如意的事情十之八九，很少有人的一生是一帆风顺的。也许有些朋友会说，看看那些成功的人，他们总是能够得到命运的眷顾。其实不然，成功的人非但没有得到命运的眷顾，他们之中的大多数反而遭受了更多的磨难。正因为如此，他们才能意志如钢，从艰难坎坷中走出来之后，再也不轻易认输。很多人都曾读过普鲁斯特的《追忆似水年华》，对于普鲁斯特的闲情逸致，大多数人都觉得难以想象，他们理所当然地认为普鲁斯特的人生是悠闲安适的，才会那么文艺、那么悠然，而作为普通人，整天都奔波忙碌，如何有时间去浪漫和遐思呢？其实不然。很多时候，人生的状态取决于我们的心态，而非人生的状态决定我们的心态。每个人都是有理想的，很多女孩希望拥有三毛那样的浪漫人生，也有很多男孩憧憬着自己能像徐霞客一样游走天下。然而，在与现实的残酷较量中，只有很少的人最终实现了人生的理想，大多数人选择向现实妥协。

人们都说岁月是把杀猪刀，其实真正的杀猪刀不是岁月，而是生活。在生活中消磨得时间长了，人们原本柔软细腻的心灵就会变得越来越粗糙，甚至是麻木。曾经的小资情调，曾经的坚强不屈，在生活的磨砺中离我们渐渐远去。最终，我们一味地只对赚钱感兴趣，再也找不到内心深处从生命中涌动出来的热情与激情。甚至感动，也渐渐少了。所以朋友们，我们最重要的就是保持一颗赤子之心，像桑迪亚哥老人一样，哪怕命运坎坷，遭遇无数磨难，也依然坚信自己不会被打败。

1864年9月3日，一连串的巨响，让原本宁静的斯德哥尔摩市郊震撼了。随着滚滚的浓烟冲上天空，火苗肆虐，直往天上蹿跳。在这短短的几分钟时间里，一场惨祸毫无征兆地发生了。人们心惊胆战，赶紧赶赴事故现场查看情况。只见现场火舌肆虐，原本屹立着的一座工厂，转眼之间变成了一片废墟。一个30多岁的年轻人目瞪口呆地站在一边，看着现场的惨烈景象，脸色苍白，浑身颤抖。这个年轻人大难不死，后来为世界做出了巨大的贡献，他就是举世闻名的化学家诺贝尔。

诺贝尔亲眼看着自己一手创建的实验工厂在大火中变成灰烬。更加惨痛的打击接踵而至，在这次灾难中，诺贝尔正在读大学的弟弟以及他的四位亲密助手，全都被烧得失去人形，面目全非。得知小儿子去世的噩耗，诺贝尔的老父亲突发脑溢血，导致瘫痪，他的母亲更是伤心欲绝。然而，诺贝尔为科学献身的精神毫未动摇。

警察当即封闭了惨案现场，而且严令禁止诺贝尔恢复工厂。看到诺贝尔，周围的人们更是如同看到瘟神，更没有人愿意再出租土地给诺贝尔进行这么危险的科学实验。面对这么多的挫折和冷眼，诺贝尔几天之后在距离市区的马拉仑湖上租用了一艘平底驳船再次展开实验。他独自一人，全神贯注地投入实验。在他的勇气面前，死神也胆怯了。在无数次充满危险的实验中，诺贝尔非但没有炸毁驳船，反而发明了雷管。对于爆炸学而言，这是一次质的飞越。

如今的世界上，还有谁不知道诺贝尔奖呢！大家却很少知道，作为诺贝尔奖的设立者，化学家诺贝尔在科学研究的道路上付出过如此惨重的代价。假如他在遭遇挫折的时候选择放弃继续进行如此危险的科学实验，那么世界的进步就会推迟很长时间，诺贝尔本人也不可能获得如此至高无上的成就和荣誉。当然，诺贝尔的科学研究不是为了自己，而是为了整个人类。正因为他具有打不倒的精神，他才能在世界历史上留下自己的名字，供后世的人敬仰。

实现梦想需要漫长的过程，我们只有怀着赤诚之心，才能保持热情和激情坚持梦想。有些朋友觉得社会变化太快，其实不管社会如何变化，只要我们拥有赤诚之心，就能够对抗残酷的现实，永远向着梦想前进。

人生的不同阶段，有不同的任务

我们都知道，人生是短暂，也是宝贵的，我们若希望自己的人生精彩，就要充分利用短暂的人生走心中向往的那条路，然而，这并不意味着我们应该为了梦想而放弃所有，我们的一生，远不只是为欲望奔波。事实上，人生在不同的阶段，都有不同的任务，做好每个阶段该做的事，本身就是随心之举。

如果你是父母，好好教育你的孩子，珍惜时间，安排他的早年生活；如果你是年轻人，则要尽早做人生计划，在不同的阶段做不同的事情，遵循自然规律，才能事半功倍。

所以，我们生活中的每个人，都要明白一个道理，对于人生，并不只是欲望的实现，还有生活，一个人的一生在不同的阶段，应该完成不同的人生任务，享受相应的人生乐趣。既不要跨越，也不要耽误。具体来说，可以总结出以下几点。

在童年的时候，需要的是启蒙教育，要着重培养乐观的性格和良好的生活习惯，享受童年欢快的时光和温暖的家庭生活，保证儿童的心身健康。

在青少年的时候，记忆力特别好，接受新事物特别快，这个时候是学习的大好时光，培养好的学习习惯，培养健康和广泛的爱好，快速接受各种文化和科学知识，同时在有可能的情况下，多参加各种社会活动，多去旅游，见一见多彩的世界，只要喜欢读书，有条件读书，父母就要支持孩子一直按照自己的兴趣读下去，最好要读完大学，可能时读研究生、博士。

如果这个阶段你缺失了或者虚度了，那么你以后想补，就会耽误下一个时段的任务，就会影响你这个时段的幸福。

到了20~30岁，年轻人便要走出校门，奔向社会，参加工作，这个时候便要适应工作环境和社会环境，同时开始恋爱、结婚成立家庭。这个时候，我们对爱情有一种幻想和追求，不太看重物质条件而更重视感情和共同爱好。

到了成年时代，即30~40岁，有了家庭，有了孩子，更多的是要负担家庭的责任和为人父母的责任。珍惜和过好家庭生活，并开始培养孩子，这个时候也是年富力强的时候，也要开始积累个人的财富。有的人也选择在这个时候开始创业，因为30岁前一般来说社会阅历不够，难以成功，40岁之后精力和创业动力开始不足。

到了40~60岁，则主要是供孩子读书，积累财产，开始为退休生活做准备。

这本来是一条人生的路，但由于社会的变化，人的观念也跟着变化，开始产生了各种社会问题。例如有的孩子贪玩，家教不严，整天迷恋电脑游戏，到了参加工作的时候，才认识到自己知识的贫乏，找不到好工作，才开始补课学习，这个时候记忆力已经开始下降，加上工作压力和家庭压力，哪里能集中精神学习，十补九不足，事倍功半。又如有的青年由于追求事业，或者喜欢单身自由的生活，到了35岁或40岁才考虑谈恋爱，结婚生孩子，这个时候，已经过了谈恋爱和结婚的年龄，属于大龄青年。没有激情，性格也开始变得古怪，找对象更多的是考虑现实条件，考虑物质生活，更像是为了完成任务。被动式的婚姻往往都不是很完满。

因此，每一个年龄段，人总是要完成人生之中的1~2件重要的事情，这是自然规律，是人类经过很多年代的进化而自然形成，不以个人的意志为转移的规律。遵从这个规律，人才能过健康而快乐的生活，否则生活将会混乱不堪，日子将会过得很累。上帝对每个人都是公平的，给每个人的机会也是均等的，你要按照上帝的旨意，也就是自然规律去工作、去生活。

所以，如果现在的你依然年轻，那么，现阶段的你的主要任务是积累人生经验，为人生的发展打下坚实的基础，为人生的幸福寻找源头活水。

第2章

长大后，依然要把理想说给世界听

用梦想为每一个平凡的日子加温

提到梦想，可以说，我们每个人的内心都有梦想，我们每个人来到这个世界上，都想在这个世界上留下点什么。梦想，是一个目标，是让自己活下去的原动力，是让自己开心的原因。从某种意义上说，有了梦想，我们才会变得积极向上，才能感知幸福。生活中，人们常开玩笑说：“梦想很丰满，现实很骨感。”成功的能有几个，大部分人都是平凡的人，碌碌无为地度过这漫长的一生。虽然我们每个人都有属于自己的梦想，但是为了生活，为了生计，却与当初的梦想背道而驰。那么，再回首时，你有没有发现，毫无目标的生活已经让自己远离当初的梦想。

王强和李瑞是两个很好的朋友，他们一起从家乡偏远的小城镇考到了上海名牌大学的建筑系。在高中时代，王强的成绩明显地盛过李瑞一筹，但这种现象在大学时期并不是很突出。在四季的更替中，四年的大学生活很快就结束了，李瑞由于善于交往，有着不错的人际关系，毕业后落脚在上海，而且还捞到了一纸上海户口。而王强则因为毕业之前父亲病重而回了趟家，考研及毕业联系就业单位的事情全耽误了。随后他一路不顺，在上海尝试到几家公司去应聘均遭到失败。最后，他回到了老家的食品厂就职。

刚开始时，王强对于工作很不适应，这里的人也与他格格不入。他仍然保有考研的志向，并坚持学习着。但离下次研究生考试还有近一年的时间，他在这漫长的等待中煎熬着。

在接连收到单位发放的还算不错的工资和奖金后，王强似乎觉得有些满足了，他渐渐地适应了小镇的环境和单位的境况，而且也学会了揩油，时不时也能尝到在这里工作的甜头。后来，考研的话越来越少地被他提起，他似乎开始享受这种不愁吃喝的生活。没多久，有人开始给他做媒，单位也决定给他分房、涨工资……

就这样，一晃10多年过去了，他依旧在食品厂工作着，但不同的是，现在他的生活安逸多了，他晋升为厂里的副总，开着名车，住着别墅，他风光极了。可是一起事件结束了这一切，原来，他为了扩充食品厂的厂房基地，看中了市郊的某片地，在投标的过程中，他使用了一些非法手段，当然，这些被曝光后，他只得身陷囹圄。

现实生活中，和故事中的王强一样，因为一些蝇头小利而放弃自己当初的梦想，甚至自甘堕落者并不少见。

的确，从小到大，每个人都会有许多梦想。有人说：“年少时，梦想往往很远大；成年后，梦想常常会缩小。步入盛年，我们的梦想或许越来越少；但是，我们的梦想不再不切实际，而是可以通过努力去实现的。”但实际上，年少时的梦想本来同样可以实现，只是很多时候，在对名利的追逐中，我们把它搁浅了。的确，名利的车轮沉重缓慢地碾碎了许多人的梦想。

那么，如何做到在追求梦想的同时不在名利中沉沦呢？

1. 重新审视自己，找出自己的闪光点

每个人都有与众不同的地方，可能这些不同的地方会因为日常那些烦琐的事情而被掩盖，那么，从现在起，不妨停下脚步想想，你是不是在某些方面比别人更有天赋呢？如果有，就开始重新审视自己吧，从自己最擅长的事情做起，你会省力、省心很多！

2. 重新唤醒自己的梦想

在我们心中，都有一个属于自己的梦想，但出于各种原因，可能这些梦想会逐渐被磨灭。但你发现没有，正是因为你失去了梦想，你才会显得无力、没有热情，才会变得得过且过，只需要一个伟大的动力，你的潜能就可被最大限度地激发出来。因此，不要犹豫了，为理想奋斗吧，你的人生才会别样的精彩！

3. 坚信自己的梦想

据说，有一次，爱因斯坦上物理实验课时，不慎弄伤了右手。教授看到后叹口气说：“唉，你为什么非要学物理呢？为什么不去学医学、法律或语言呢？”爱因斯坦回答说：“我觉得自己对物理学有一种特别的爱好和才能。”

这句话在当时听来似乎有点自负，但却真实地说明爱因斯坦对自己有充分的认识和把握。

4. 不要把梦停留在空想上

梦想可以燃起一个人的所有激情和全部潜能，载他抵达辉煌的彼岸。但你若有了梦想，不要把“梦”停留在“想”，一定要付诸行动，制定目标，才可以带给你真正需要的方向感。

5. 树立脚踏实地的态度

你若想变得伟大、想成就一番事业，就必须具备勤奋的工作态度。爱因斯坦说：“人的价值蕴藏在人的才能之中。在天才和勤奋两者之间，我毫不迟疑地选择勤奋，她几乎是世界上一切成就的催产婆。”真正的成功是一个过程，是将勤奋和努力融入每天的生活中，融入每天的工作中。成功没有捷径，它需要脚踏实地。

人说，人生路漫漫，人生路奇妙，因为各种突如其来的选择，使我们与许多本来有缘的道路绝缘，又会走上本来不应产生关系的道路。你需要做的是，确定正确的人生道路，赶快企划自己的人生，永远给自己一个新的机会，才能离属于你的舞台越来越近！

舍弃理想，便会在心中撒下被嘲笑的种子

理想能使我们的灵魂升华。人人都志存高远，都有自己的理想。我们绝不能舍弃理想，一个人失去理想，心灵就会变得懈怠，就会变得污浊不堪，上进心与克己心也会随之烟消云散。

人们常说："思想有多远，就能走多远。"这句话虽然有点夸张，但却道出了思想对行动的指导作用。同样，一个人能走多远，关键也取决于思想，如果你是个使命感强的人，你希望自己活得伟大，那么，对于当下的行动，你就有自控意识，你就能坚持不懈地努力。因此，我们每个人，都应该找到自己的使命，制订出明确的目标，并为实现自己的目标而奋斗，才能成为你想成为的人。而当你的理想遭遇阻碍时，请记住，一定不能放弃，只要你坚持，你就能具备强有力的信念，就能最终走出迷雾，找到方向。

也许你现在还站在穷人的行列，被周围的人嘲笑，也许你吃了很多苦，但无论你遇到什么，如果你内心有目标，就绝不可轻言放弃。

很久以前，在一个偏僻的小山村里，有一对堂兄弟，他们年轻力壮，且都雄心勃勃。他们渴望成功，希望有一天能够成为村里最富有的人。

一天，村里决定雇用他们二人把附近河里的水运到村广场

的水缸里去。这对他们来说真是一份美差，因为每提一桶水他们就能赚取一分钱，这在小镇来说是最好的工作了。两个人都抓起两只水桶奔向河边。

“我们的梦想实现了！”表哥布鲁诺大声地叫着，“我简直无法相信我们的好福气。”

但是表弟柏波罗不是非常确信。他的背又酸又痛，提那重重的大桶的手也起了泡。他害怕明天早上起来又要去工作。他发誓要想出更好的办法。

几经琢磨之后，表弟决定修一条管道将水从河里引到村里去。他把这个主意告诉了表哥，但是表哥觉得他们现在做着全镇最好的工作，不愿意花那么长的时间去修一条管道。

柏波罗并没有气馁，他每天用半天时间提水，半天时间修管道，并且始终耐心地坚持着。

布鲁诺和其他村民开始嘲笑柏波罗。布鲁诺赚了比柏波罗多一倍的钱，炫耀他新买的东西。他买了一头驴，配上全新的皮鞍，拴在他新盖的二层楼旁。他买了亮闪闪的新衣服，在乡村饭店里吃可口的食物。村民们称他为布鲁诺先生。当他坐在酒吧里，会为人们买上几杯酒，而人们为他所讲的笑话开怀大笑。

当布鲁诺晚间和周末睡在吊床上悠然自得时，柏波罗还在继续挖他的管道。头几个月，柏波罗的努力并没有多大进展。他工作很辛苦，比布鲁诺的工作更辛苦，因为柏波罗晚上和周末都在工作。

一天天、一月月过去了。表弟柏波罗仍然没有放弃，完工的日期越来越近了。

在他休息的时候，柏波罗看到他的表哥布鲁诺在费力地运水。布鲁诺比以前更加的驼背。由于长期劳累，步伐也变慢了。布鲁诺很生气，闷闷不乐，为他自己一辈子运水而愤恨。他开始花较少的时间在吊床上，却花很多的时间在酒吧里。当布鲁诺进来时，酒巴的顾客都窃窃私语：“提桶人布鲁诺来了。”当镇上的醉汉模仿布鲁诺驼背的姿势和拖着脚走路的样子时，他们哈哈大笑。布鲁诺不再买酒给别人喝了，也不再讲笑话了。他宁愿独自坐在漆黑的角落里，被一大堆空瓶所包围。

最后，柏波罗的大日子终于来到了——管道完工了！村民们簇拥着来看水从管道中流入水槽里！现在村子源源不断地有新鲜水供应了。附近的居民都来此定居，村子顿时繁荣起来。

管道一完工，柏波罗不用再提水桶了。无论他是否工作，水都源源不断地流入。他吃饭时，水在流入。他睡觉时，水在流入。当他周末去玩时，水在流入。流入村子的水越多，流入柏波罗口袋里的钱也越多。

管道人柏波罗的名气大了，人们称他为奇迹创造者。

人们常说，鱼与熊掌不可兼得，其实，做任何事情都是如此，想要日后达成目标，现在就要忍受痛苦。

的确，梦想可以燃起一个人的所有激情和全部潜能，载他抵达辉煌的彼岸。我们每个人都要在年少时就为自己树立一个梦想，而最重要的是，无论你拥有什么样的理想，都不要轻易舍弃它。只有坚持，你才能最终用自己的力量创造自己美好的人生。

梦想是人生的引航灯

在人生之中，梦想就像一盏引航灯，指引着我们的人生之舟向着既定的方向航行，帮助我们实现梦想。然而，在现实生活中，大多数人都没有实现自己的梦想，究其原因，是他们没有坚持，没有将其当成自己人生的引航灯，而只是把它作为一个纯粹的、一个说说而已的梦想，说完了，就抛诸脑后了，就忘记了。而那些凤毛麟角的获得成功的人，他们之所以成功，恰恰是因为他们坚持了自己的梦想，始终为了自己的梦想而不懈地努力，所以他们才能获得成功，才能无限接近于自己的梦想，甚至是美梦成真。也许，你会说你也有梦想，但是，你确实去做了吗？因为，梦想的实现不仅仅源于口头的或者是心中一时的想法，而是源于长久不懈地努力、源于一点一滴地积累和一步一步地跋涉。

有个叫罗迪的英国退休教师，一天，他在阁楼上整理自己的物品，发现了一叠练习本。这是他50年前所教的那批学生的作文，题目叫作：未来我是……

罗迪随手翻着，很快就被孩子们那些五花八门甚至出奇的梦想吸引住了：一个小家伙说，未来的他会成为一个海军大将，指挥着全国的海军部队，威风得很；有一个说自己将来会成为法国总统，因为他的爷爷是个法国人；有一个小姑娘说，她将来会成为王妃，和王子坐着南瓜车，还住在城堡里；有一个盲童，说自己想成为内阁大臣；还有想成为海豚训练师的，想当领航员的，想成为香水制造师的……孩子们的梦想千奇百怪，应有尽有。

看着看着，罗迪忽然产生了一个想法：曾经有过这些梦想的孩子，现在在做什么呢？他们是否实现了当初的梦想呢？他想把这些本子还给50年前的那些孩子。于是他在很多报纸上刊登了这则启事。

一年过去了，那叠练习本渐渐地被人领走了。他们感谢老师还留着50年前的作文，他们看到自己当初的梦想，都感动得流下了眼泪。可是，他们谁也没有实现自己的梦想。最后，还剩下一个练习本没人认领，它的主人就是那个想成为内阁大臣的盲童大卫。罗迪想，也许大卫无法看到报纸，不知道这个消息吧。

就在罗迪想把那个本子收藏起来的时候，他收到了内阁总理大臣布伦克特的一封信。他在信中说：“亲爱的罗迪老师，那个叫大卫的孩子就是我。感谢你还为我们保存着儿时的梦想，但是我想我不需要那个本子，因为从立下那个梦想后，它就一直存在于我的脑海中，我一天也没有忘记。50年过去了，我可以自豪地说，我实现了那个梦想！”

梦想和现实总是有很大的差距，只有终生怀有希望并不断努力的人，才能实现自己的梦想。

毫无疑问，每个人的心中都曾经有过至少一个瑰丽的梦想。在梦想中，我们幻想着自己成为天边那颗最璀璨的星星，甚至梦想着成为万众瞩目、群星环绕的月亮。也有些人的梦想很卑微，他们也许仅仅是幻想着自己的生活比父辈更加富裕、幸福，幻想着自己能够在一个领域之中做出一番成就，或者是幻想着自己能有一份安稳的生活，过着平淡的日子。不管你的梦想是绚烂夺目还是平实可触，要想实现这些梦想，有一点是共同的，那就是你必须把你的梦想种在心里，让它生根发芽，不断地指引你在人生之路上前进、奋斗。

作为老师，罗迪一定认为那个盲童的梦想在所有学生的梦想中是最难实现的，因为他的双目看不到任何东西，这就注定了他即使想像常人一样生活，也必须付出加倍的努力，更何况是成为内阁大臣呢？出乎他的意料，在所有健全的学生之中，没有任何人实现自己的梦想，而只有这个盲童成为内阁总理。因为一直把梦想刻在自己的脑海里，他甚至超越了自己的梦想。从大卫的身上，我们应该得到启迪，应该从今天开始也把自己的梦想刻在心里。

在追求梦想的过程中，我们要注意如下方面。

（1）不要因为有些事情遥不可及就放弃它。随着时间的流逝，只要你不断地努力，它终将会实现的。

（2）梦想即使非常遥远，只要你一步一步地跋涉，终有一天，你会实现自己的梦想，甚至超越自己的梦想。

（3）你想成为怎样的人，你就最终会成为怎样的人。你的未来取决于你的梦想和决心。

（4）从今天开始，为自己树立一个远大的理想，并且将其深深地印刻在脑海中吧，它会指引着你不断地走向成功！

只要有梦想，何时都不晚

相信我们生活中的每一个人，在年少时都有自己的梦想，都有心中所想。然而，随着时间的流逝，一些人却将自己的梦想搁浅，当人们问及为何放弃梦想时，他的回答是："来不及了""年纪大了"等。然而，这些都是借口，一个人只要心中有梦，年纪并不能阻止我们追梦，最重要的是立即去做、去执行，梦想也只有通过努力才能实现。

在古今中外的历史上，大器晚成的故事比比皆是。

有这样一个人，他在5岁的时候父亲就离开了他，14岁从学校逃学，然后开始了自己的流浪人生；他去过农场，当过电车售票员，但这些都让他无法开心起来，在他16岁那年，他参军了，这也不顺心。一年后，他来到了亚拉巴马州，在那里他开了个铁匠铺，不过没过多长时间就倒闭了。

然后，他在南方铁路公司谋得机车司炉工这一工作，他开始觉得很有意思了，认为自己找到了最终的工作岗位。

18岁时，他就结了婚，几个月之后，他的太太怀孕了，但此时，他却被通知自己被南方铁路公司解雇了。

接下来，他必须要找到新工作，但在这期间，他的太太居然变卖了他所有的家产，然后回了娘家。这再一次证明他失败了。

随后大萧条开始了，他虽然失败了很多次，但是依然努力。后来，他又通过函授学习了法律，不过最终因生计问题而放弃。然后他又卖过保险和轮胎，也经营过一条渡船，还开过一家加油站。但可惜的是这些都以失败而告终。

周围的人开始劝他："放弃吧，不会成功的。"他也想到要放弃人生，所以，一次，他躲在草丛中，想要去绑架经常来附近玩耍的小女孩，但是这一天奇怪的是，小女孩没有出来，所以他还是失败了。

再后来，他到一家餐馆当主厨，但不久之后，一条新公路要从这家餐馆穿过，他再次失败了。

转眼，他到了退休的年纪，到此刻，他还是一事无成。日子就这样一天一天过去。这一天，邮递员给他送来一份社会保险支票。到那时，他才意识到自己开始老了。但也就在那一刻，他身上所有的潜能爆发了。

有人同情他的遭遇，对他说：“本来你该击球的时候，你都没击中，就别再逞强了，老了，就休息吧。”他却不以为然。

然而，就凭借证明他老了的那张退休金支票——105美元，他开始了自己的事业——肯德基。现如今，他事业成功，而他，成功时已是88岁。这个人就是哈伦德·山德士——肯德基的创始人。

从哈伦德·山德士的经历中，我们可以看到，一个人只要敢于追逐自己的梦想，无论何时都不晚。

事实上，一个人的成才和事业成功与年龄并无直接的关系，而是在于内心有一颗永不熄灭的、火热的心始终对梦想有着强烈的冲动，只要你一直走心中向往的那条路，即便你已经年逾古稀，你依然能驾驭自己的人生，实现自己的人生价值。

可见，现代社会，没有超人的胆识，就没有超凡的成就。不敢冒险就是最大的冒险。勇于尝试才有做第一个成功者的机会。胆量是使人从优秀到卓越的最关键一步。你需要勇气，需要胆量，你不是弱者，机会是给敢于迎接的人！

所以，我们要记住的是，一定要追随自己的内心，要敢于追逐自己的梦想，要永葆激情、不断摸索、不怕失败，最终你会找到属于自己的一条路，也会做出成就。

生活中的人们，为梦想努力吧，假如你是一名学生，为分数而努力学习，你就会得到分数，但如果为充实自己、为求知读书，除了在得到分数外，你还会获得知识和成长；为了挣钱而做生意，你的努力会帮你实现财富梦；为了事业而做生意，除了财富外，你获得的还有为之打拼的快乐；为每月定时发放的薪水而工作，你可能得到较少的薪水；如果你为提高公司业绩而工作，你不仅会得到较多的薪水，也会得到满足和同事的敬重，你对公司的贡献将会大得多，你的报酬也会高得多。

总之，梦想具有无穷的力量。梦想也会给我们带来快乐，只要你追随自己的天赋和内心，你就会发现，你的生命被赋予了更高的意义，你也不再是消磨光阴，而是在让时间闪闪发光，奋斗也就是快乐的事。

不管你的年纪有多大，都可以勇敢追梦

对于梦想，很多人都存在一个误区，即觉得梦想只属于年轻人，拥有梦想更是年轻人的专利。其实不然。梦想的持有并

不限定人们的年纪，任何人，只要心中怀有希望、怀有梦想，他们的心就是年轻的，他们就有着一颗赤子之心。

曾几何时，我们从不知世事的孩子逐渐成长，渐渐拥有了人生的梦想，并且无限憧憬人生。然而，只有少数人能够追求自己的梦想，努力实现自己的梦想，大多数人都把梦想或者抛之脑后，或者深藏在心里。最终，梦想变成一个遥不可及的梦，我们的生命也因为缺乏梦想的钙质，变得越来越苍白乏力。

很多朋友都抱怨自己的人生平淡无奇，殊不知，梦想就是我们人生的奇迹和力量的源泉。假如想要拥有不一样的人生，我们就要勇敢地追梦，从而改变平庸的人生。我们必须坚持梦想，敢于做梦，才能投入自己所有的心血和心力，辛勤浇灌我们的梦想，让我们的梦想开花结果，成就我们的人生。

朋友们，从现在开始鼓起勇气，向着梦想前进吧。再也不要以错过了时机为由放弃自己的梦想，要知道，我们必须坚韧不拔、坚持努力，才能最大限度完成人生的梦想，实现人生的辉煌。我们必须知道，不管我们现在多大年纪，只要我们勇敢地追求梦想，就永远也不嫌晚。

第3章

快点跑，趁现在还来得及

每个成功都有个简单的开始

万事开头难，但再简单的开头，若不开始，便不会有进展。我们的生活中，很多人渴望得到成功，渴望开创自己的事业，但每每考虑到会有失败的可能，他们就退缩了。因为他们怕被扣上愚昧的帽子，怕被别人取笑；他们不敢爱，因为害怕要冒不被爱的风险；他们不敢尝试，因为要冒失败的风险；他们不敢希望什么，因为他们怕失望……这种可能会遇到的风险，让他们畏首畏尾、举步维艰，他们茫然四顾，不知道自己的出路在何方。殊不知，如果你连第一步都不敢开始的话，你永远不可能看到追求人生目标之路的风景。

"要战胜别人，首先须战胜自己。"这是智者的座右铭。有时候，我们的敌人不是挫折，不是失败，而是我们自己，如果你认为你会失败，那你就已经失败了，说自己不行的人，爱给自己说丧气话，还没开始之前，他们总是为自己寻找退却的借口。殊不知，这些话正是自己打败自己最强有力的武器。一个人，只有把潜藏在身上的自信挖掘出来，时刻保持着强烈的自信心，才有勇气开始，成功者之所以成功，也是因为他们有一个简单的开始。

生活中的人们，如果你想获得成功，就要勇敢地冒险，勇于尝试，这样，你就有了做成功者的机会。胆量是使人从优秀到卓越的最关键一步。

曾经有一个叫卡兰德的军官。有一次，卡兰德在纽约的一个漂亮饭店里看着善泳的朋友们在阳光下嬉戏，忽然有一 种不舒服的感觉涌上心头。卡兰德告诉他们，自己怕晒黑，所以不想下水。朋友们笑着怂恿他：“不要因为怕水，你就永远不去游泳……”

阳光溅在他们水滑滑、光亮亮的肌肤上，他们像海豚一样骄傲地嬉戏着，卡兰德其实并不想躲在没有阳光的阴影里看着他们快乐。他觉得自己是个懦夫。

一个月后，朋友邀卡兰德到一个温泉度假中心，他鼓足勇气下水了。卡兰德发现自己没想象中那么无能，但他不敢游到水深的地方。

“试试看，”朋友和蔼地对他说，“让水没过头，看会不会沉下去！”

于是，卡兰德试了一下。朋友说得没错，在我们意识清醒的状态下，想要沉下去、摸到池底还真的不可能。真是奇妙的体验！

“看，你根本淹不死。沉不下去，为什么要害怕呢？”

卡兰德上了一课，若有所悟。从那天起，他不再怕水，虽然不算是游泳健将，但游个四五百米是不成问题的。

和卡兰德一样，如果你也敢于跨出第一步，那么，你会发现，其实事情没有你想象中的那么难。美国著名拳击教练达马托曾经说过："英雄和懦夫同样会感到畏惧，只是对畏惧的反应不同而已。"

另外，我们不得不承认的是，有时候，人们不愿尝试的原因是他们不愿打破现状。哲人说，自己是最大的敌人，人有时最难突破的，就是自身的局限性。这就是为什么我们会发现那些处于困境中的人最终比那些已经取得温饱的人更有作为。想迈开脚步大干一场，又不舍得抛开自己现有的温饱的保障，如此瞻前顾后，必定无所作为。

据社会学家预测，未来的社会将变成一个复杂的、充满不确定性的高风险社会，如果人类自由行动的能力总在不断增强的话，那么不确定性也会不断增大。生活中的人们，你应该意识到，各种变化已经在我们身边悄然出现，勇敢地投身于其中的人也越来越多，如果你不积极行动起来，缺乏竞争意识、忧患意识，安于现状、不思进取，如果你还没被惊醒的话，就会被时代所抛弃，被那些敢于冒险的人远远甩在后面。敢于拼搏、充满冒险精神，是每个成功人士给我们的启示。

总之，我们需要记住的是，在这个时代，墨守成规、缺乏勇气的人，迟早会被时代所抛弃。处处求稳，时时都给自己留有退路，这是一种看似稳妥却充满潜在危机的生存方式。

梦想有时是个痛快的决定

生活中，总有人慨叹：其实我并不喜欢现在的生活，我有自己的梦想……谈了一大堆的计划、一大堆的梦想，可是，最后他们并没有去实践，如果这么一问，他们还会摇摇头说：不行啊，无奈啊，没办法啊……真的有那么无奈吗？既然无力改变又何必总是埋怨？如果埋怨、不满，又为何不去努力改变？

当你对工作、对生活有了最初的梦想，你是不是能够大胆地去实践？还是仅仅把它作为一个遥不可及的梦想，最后只能默默地埋藏在心底，到老了才感到莫大的遗憾？

我们大多数人都与梦想渐行渐远。为什么呢？因为我们都认为梦想终归是梦想，只把它当成遥不可及、无法实现的目标。我们有很多理由，如我没有足够的资金开创自己的事业；我的学历不高；竞争太激烈，做这个太冒险了；我没有时间；我的家人不支持我……没有这个那个，其实都是缺乏意志力的人为自己找到的冠冕堂皇的借口。别忘了那句最常听说却最容易忽略的话：事在人为。

其实，梦想有时只是个痛快的决定，只要想做，并坚信自己能成功，那么你就能做成。这正是行动的作用。世界著名博士贝尔曾经说过这么一段至理名言：“想着成功，看看成功，心中便有一股力量催促你迈向期望的目标，当水到渠成的时候，你就可以支配环境了。”

汉斯从哈佛大学毕业后，进入一家企业做财务工作，尽管赚钱很多，但汉斯很少有成就感。他不喜欢枯燥、单调、乏味的财务工作，他真正的兴趣在于投资，做投资基金的经理人。

在一次旅途的飞机上，汉斯与邻座的一位先生攀谈起来，由于邻座的先生手中正拿着一本有关投资基金方面的书，双方很自然地就转入了有关投资的话题。汉斯特别开心，总算可以痛快地谈论自己感兴趣的投资，因此就把自己的观念，以及现在的职业与理想都告诉了这位先生。这位先生静静地听着汉斯滔滔不绝的谈话，时间过得很快，飞机很快到达了目的地。临分手的时候，这位先生给了汉斯一张名片，并告诉汉斯，他欢迎汉斯随时给他打电话。

回到家里，汉斯整理物品的时候，发现了那张名片，仔细一看，汉斯大吃一惊，飞机上邻座的先生居然是著名的投资基金管理人！自己居然与著名的投资基金管理人谈了两小时的话，并留下了良好的印象。汉斯毫不犹豫，马上提上行李，飞到纽约。一年之后，汉斯成为一名投资基金的新秀。

这个故事中，汉斯人生的改变来自他和这位投资基金管理人的结识，但如果他没有下定决心再次寻找这位投资基金管理人，想必他还有可能在做着单调的财务工作，更不可能实现自己的梦想。

可见，勇敢地尝试新事物，可以帮助我们发现新的机会，使你迈进从未进入的领域。生命原本是充满机会的，千万别因放弃尝试而错过机会。

事实证明，如果能够跨越传统思维障碍，掌握变通的艺术，就能应对各种变化，在变化中寻找到新机会，在变化中获取新利益。在我们的生命中，有时候必须做出困难的决定，开始一个更新的过程。只要我们愿意放下旧的包袱，愿意学习新的技能，我们就能发挥自己的潜能，创造新的未来。我们需要的是自我改革的勇气与再生的决心。

第一次世界大战期间，法国有个很著名的上校叫泰勒，当时，他任第六师师长，他的处事方式很令人钦佩。

有一次，在他的儿子向他告别时，他告诫儿子说："孩子，记住：你的姓是泰勒，泰勒这个姓代表着做事能力。你永远不可以靠边站，让出路给其他敢于冒险的人走。你要冒险向前使他们让出路来给你走。"

接着，他继续说道："大街上行人拥挤，交通阻塞。但呼啸的消防车飞驰而过时，大家都自动地让出路来。当然你偶尔也会感到沮丧、软弱，但这正是你需要鼓起战斗勇气的时刻。

只要你迈步向前，沮丧、软弱都会躲开你。”

一个人不愿改变自己，往往是舍不得放弃目前的安逸状况。当你发觉不改变不行的时候，你已经失去了很多宝贵的机会。任何成功都源于改变自己，你只有不断地剥落自己身上守旧的缺点，才能做到敢为人先，才能抓住第一个机会，才能实现自己的进步、完善、成长和成熟。

另外，在你进行尝试时，你难免会产生一种“不可能”的念头，这时，你必须从心理上超越自己，只有这样，你才能站在高高的位置上，低头俯视你的问题。

有些事现在不做，一辈子都不会做了

我们先来看看下面的一则故事：

有位哈佛大学校长来北京大学访问，讲了一段自己的亲身经历：

有一年，这个校长心血来潮，准备过一段时间与众不同的生活，于是，他向学校请了假，然后告诉自己家人，不要问我去什么地方，我每个星期都会给家里打个电话，报个平安。

接下来，他一个人，带着简单的行李，去了美国南部的农村，开始了他所谓的与众不同的生活——农村生活。他到农场

去打工，去饭店刷盘子。在田地做工时，背着老板吸支烟，或和自己的工友偷偷说几句话，都让他有一种前所未有的愉悦。最有趣的是最后他在一家餐厅找到一份刷盘子的工作，干了四小时后，老板把他叫来，跟他结账。老板对他说："可怜的老头，你刷盘子太慢了，你被解雇了。"

三个月后，这个"可怜的老头"重新回到哈佛，回到自己熟悉的工作环境后，却发现，一切原本熟悉的东西顿时变得新鲜起来，工作成为一种全新的享受。

生活中的人们，你是否也有这样特殊的经历？对于这位哈佛校长来讲，这三个月的经历，就是一次洗涤心灵的过程，他原本是一校之长，原本博学多才，但在经过了新环境的熏陶之后，他回到了原始状态，洗掉了心灵的"垃圾"。

伊丽莎白，她82岁从哈佛大学毕业。她之所以能成为哈佛人敬重的对象，并不是因为她已年迈，而是因为她有一颗勇敢的心。

又是一年毕业典礼，这一天，伊丽莎白和其他毕业生一样身穿学士服，头戴黑色学士帽，她从校长手中接过自己的学士毕业证书。另外，她还被颁发了一项表彰其学术成就和品德的奖项。在这一刻，伊丽莎白是激动的。她的勇气终于有了收获。

事实上，伊丽莎白能拿到哈佛大学的毕业证书，也是一个相当艰难的过程。

1941年，伊丽莎白就从高中毕业了，随后，她结婚并生了4个孩子。再随后，她有幸成为哈佛大学健康服务部的员工，在哈佛大学工作，她被学校这种浓厚的学习氛围感染，慢慢地，她开始穿梭于各个课堂之间，旁听各种课程。

就这样过了很多年，伊丽莎白并没有正式注册成为哈佛的学生，因为她认为自己根本没有能力完成这么多课程。然而，这时，她的同事和同学都开始鼓励她，这让她又产生了争取学位的念头。

此时的伊丽莎白已经是73岁的高龄。对于这样年纪的人来说，安享晚年大概是最好的选择，但伊丽莎白不甘心，她告诉自己，一定不能就这样放弃。于是，她再次鼓起勇气，走进了哈佛的课堂，为此，她还给自己制定了10年的目标，也就是要在83岁之前从哈佛毕业。

如今满脸皱纹的伊丽莎白在哈佛工作了25年，学习了20年，攻读了9年学位，最终赶在自己的孙女之前获得了本科学历。

在哈佛，伊丽莎白可谓是独特的一位学生。许多教授都以伊丽莎白的事迹作为案例，鼓舞学生：树立信心、勇敢尝试，走属于自己路。

成功并非必需品，适度执着就好

每个人都无一例外地渴望成功，因为成功象征着功成名就，象征着我们的能力得到认可，象征着我们已经征服了全世界。然而，有很多人一生之中都紧紧盯着成功的唯一目标，而且为了成功不遗余力、不择手段，最终却被成功所抛弃，甚至连成功的影子都不曾看见。他们盲目追求成功，却忽视了生活的意义，从不曾领会生活的风景，最终导致一生碌碌无为，既不曾成功，也未曾认真地享受生活。不得不说，这样的人生是失败的。

现代社会，物质极大丰富，人们各种各样的欲望也越来越膨胀。在无限的奔波和忙碌中，人们已然忘记了生活的意义，也不再知道生活最本真的方式。不停地追逐成功，盲目地信奉成功，在现代人的字典里，似乎除了成功再也没有其他的意义。实际上，真正的智者能够放下成功，真正的聪明人能够适度地把握对成功的追求。他们很清楚，追求成功无非是为了生活得更好，如果为了成功而把生活弄得一团糟，则他们的追求就是毫无意义的。

对于人生而言，成功是必需品吗？看看那些生活得平凡而又幸福的人，他们即使没有成功，也依然活得快乐幸福。反倒是那些所谓的成功人士，看似风光无限，实际上却内心苍凉寂寞，根本没有机会享受真正的生活。当然，也不乏有些人把追求成功作为人生的目标之一，他们懂得成功固然重要，更重要的是好好享受生活，不辜负生活中的每一分、每一秒。因而，他们总是能把生活与成功搭配得恰到好处，也能把自己有限的精力更好地分配在这两个方面，从而最终既享受了生活，也获得了成功，是真正的人生赢家。

很多盯着成功从不放松的人，未必能够得到成功，却因为过度紧张，导致自己焦虑不安。如果他们能够做最坏的打算，知道即使成功不再，也依然能够快乐幸福，那么他们就不会这么紧张焦虑，更不会把获得成功视为自己人生唯一的目的。

作为从农村出来的孩子，丁丁早在读大学期间就在为工作做准备，他不但努力学好各科文化课，还积极参加各种课外活动和社会实践，经常外出兼职，全方位提升自己。大学毕业后，丁丁拿着专程从系主任那里求来的充满溢美之词的推荐信，顺利进入一家大型国企工作。

转眼间，丁丁已经来到单位5年了，如今已然成为老员工，也有了一定的资历。然而，在年终优秀员工评选时，丁丁居然四处搞小动作，通过请吃饭、送礼物等小动作，为自己拉票。这让与丁丁一样作为优秀员工候选人的同事们感到愤愤不平。原本，国企就有很多不平等的人情关系存在，再加上丁丁这么一搅和，使原本就非常微妙的评选进行得更加困难。后来，丁丁索性提着贵重的礼物去了领导家里。他直截了当地对领导说："张经理，这次评选对我很重要。实不相瞒，我来单位五年了，也想往上走一走。如果这次能够当选优秀员工，对我未来的升迁肯定大有好处。"张经理看着丁丁精心准备的厚礼，笑着说："丁丁，咱们单位几千号人，大家都盯着呢！我想帮你，但是心有余而力不足。有很多人，你根本不知道他们的后台有多硬，我建议你还是低调一些，不要平白无故地得罪人。"张经理的话让丁丁模模糊糊地意识到什么。因而，丁丁失望地说："好吧，三十年河东，三十年河西。既然您现在不愿意帮我，也就别怪我有朝一日翻脸无情。"听到丁丁的话，张经理一时气结，从此对丁丁再也不正眼相看。

在这个事例中，丁丁的眼睛只盯着成功，一心一意想要鲤鱼跳龙门，根本没有想到要想拥有更多的支持者，首先要搞好人际关系。其实，丁丁原本并非如此，而只是因为他一心一意地想要成功，所以才被成功蒙蔽了眼睛。

不管是在生活中还是在工作中，我们最终的目的都是更好地生存。出于这个目的，我们努力工作，追求梦想。然而，一旦我们过于执着，就会情不自禁地犯一叶障目的毛病，导致根本看不到人生沿途的美景美色，只一味地沉浸于目标。实际上，除了生命和亲人挚爱不可放弃之外，还有什么是人生中必不可少的呢？！当你把生命中自认为重要的一切都列举出来，你就会发现有很多东西都是身外之物，根本不值得我们为之付出所有。人生，要想快乐，就要学会放手。哪怕是人人趋之若鹜的成功，智者也会有所取舍地对待它。唯有豁达，是人生不可辜负的大格局。

年少的时候，我们总觉得自己非常快乐，这种快乐简单纯粹，从来不受世俗的污染。后来，我们渐渐成长，懂得更多的人情世故，也从此陷入无法自拔的境地。我们和大多数人一样痴迷于成功，为了得到成功不惜一切代价，最终却发现原来最纯真的幸福就是简单快乐。很多时候，并非我们拥有得太少，而是我们想要的太多，所以才会在欲海中挣扎沉浮，不知所终。

一无所有，也许恰恰是争取所有的好契机

每个人来到人世时，都是一无所有的。如同一张白纸，除了洪亮的哭声，我们没有任何东西可以赠送给辛苦生育我们的母亲和这个全然新鲜的世界。然而，正是因为空白，我们才能赋予生命更多新鲜的内容和色彩。对此，有些人看着那些一出生就拥有一切的富二代，未免觉得自己很苍白和贫困。殊不知，有的时候一无所有不是贫穷，而是一种富足。正如人们常说的，光脚的不怕穿鞋的。一个人一旦一无所有，也就会变得无所顾

忌，做任何事情的时候反而少了些许牵绊，多了一些果决。

朋友们，不要再因为自己拥有得少而抱怨。所谓凡事有利也有弊，也许很多官二代反而想要拥有属于自己的生活，却因为家族的原因，不得不委曲求全呢。所以，我们也要看到自己拥有不多或者一无所有的好处。这样才能发挥自身优势，最大限度发展自身，从而拥有自己与众不同的人生。

之所以说一无所有也是一种财富，还因为一个人如果一无所有，就会被生活逼入绝境，导致不得不寻求改变。一无所有的人总是满怀激情，因为生活所迫，他们无牵无挂，只能选择背水一战。前文我们说过，人有的时候是需要斩断退路的，而且还需要根据自身的实际情况，给自己更多的活路。当被生活逼入绝境，无路可走时，我们会发现不管往哪个方向走，对于我们都是前进、都是进步。因而在这种情况下，最可怕的就是按兵不动。不得不说，朋友们，当你觉得自己一无所有，就该意识到，这是命运对于你的独特赐予，能够帮助你更好地拼搏人生，争取自己的好运。

很久以前，一位高僧收了三个徒弟，他们一起在深山中的寺庙里生活、修行。眼看着这三位徒弟已经跟随自己好几年了，有一天，高僧特意安排三位徒弟去山顶砍柴。而且，他还拿出一把雨伞给大徒弟带上，拿出一根拐杖给二徒弟带上，唯独没有拿出任何东西给小徒弟带上。对此，小徒弟忍不住抱怨："为什么大师哥有雨伞防备下雨，二师哥有拐杖帮助行走坎坷崎岖的山路，但是年纪最小的我却一无所有呢？"高僧对于小徒弟的抱怨，听若未闻，只是不以为然地笑了笑，就嘱咐徒弟们抓紧时间登顶，这样才能赶在天黑之前回来。

一天的时间过得很快，傍晚时分，三个徒弟全都背着一大捆柴火回来了。大徒弟全身淋得湿漉漉的，二徒弟跌得鼻青脸肿，唯独小徒弟安然无恙，既没有被雨淋湿，也没有摔倒。他们三个你看看我、我看看你，都感到惊讶万分，因而各自讲述了上山砍柴的经历。原来，大徒弟仗着自己有伞，所以在山上砍柴的时候，他看到下雨根本没有躲避，而是撑起伞继续在雨中行走。后来，雨越下越大，他却找不到避雨的地方，因而浑身被雨淋得湿漉漉的。不过，他没有拐杖，因此走路很小心，所以没有摔跤。相反，有拐杖的二徒弟知道自己没有伞，所以及时避雨，没被淋湿。但是他因为仗着自己有拐杖，因而走山路的时候总是摔倒，摔得鼻青脸肿。这时，一无所有的小徒弟告诉师父："我既没有雨伞，也没有拐杖，所以我尽量避雨，而且下山的时候小心翼翼，因此既没有被雨淋湿，也没有摔倒。"

虽然小徒弟什么都没有，但却平安无虞。反而是大徒弟和二徒弟因为仰仗着自身的优势，降低了警惕性，因而一个被淋得湿漉漉的，一个被摔得鼻青脸肿，这都是因为他们放松警惕的缘故。

很多时候，我们之所以失败，并非因为我们的短板，而是我们自以为有长处，最终导致我们放松警惕，所以头脑不够清醒和理智。既然优势会让人忘乎所以，劣势才能让人保持奋进，那么我们自然应该更加珍惜自己一无所有的现状，让自己更加积极主动地战胜困难。

朋友们，从现在开始不要再抱怨自己一无所有了。将其当成人生的契机与优势，这样我们才有勇气在人生路上一往无前，改变命运。

现在努力，总有一天你会变得很棒

我们都知道，人生旅途上沼泽遍布，荆棘丛生。也许会山重水复，也许会步履蹒跚，也许，我们需要在黑暗中摸索很长时间，才能找寻到光明……但这些都算不了什么，一个心中有梦想的人，都会坚信一点，总有一天，他们会变得很棒。所以，只有做到不放弃，知道自己要什么、该干什么，才能勇敢地去敲那一扇扇机会之门。

里根生在一个极其普通的家庭，全家四口人只靠父亲一人当售货员的工资维持生活。生活的艰辛磨炼了里根的意志，也使他产生了出人头地的强烈愿望。

里根大学毕业后，想试着在电台找份工作，然而，每次都碰了一鼻子灰。最后，里根驾车行驶了70英里来到特莱城，试了试艾奥瓦州达文波特的电台。电台主任让里根站在一架麦克风前，凭想象播一场比赛。由于里根的出色表现，他被录用了。

在回家的路上，里根想到了母亲的话："如果你坚持下去，总有一天你会交上好运。并且你会认识到，要是没有从前的失望，那是不会发生的。"

这次求职成了里根人生旅途的新起点。它使里根懂得，一个人只要有信心，知道自己该干什么，那么就应该走出去敲那一扇扇机会之门。

事实证明，任何一个目标肯定的人，都不会迷茫，更不会中途放弃。一个人要想获得人生的幸福，那么每一天都应该勤奋工作。付出不亚于任何人的努力是一个长期的过程，只要坚持就一定能够获得不可思议的成就。

下面这个简单的故事，却蕴含了一个深刻的道理，它告诉我们——坚持在追求梦想的过程中是多么重要。

1819年，在横跨得克萨斯州的火车上，一个瘦高个子、大约13岁的男孩，正在卖报纸和雪茄烟。当旅客们谈论有关投资方面的事情时，这个男孩总会全神贯注地听着。

这个卖报的男孩叫作威廉，他希望成为一个预测未来的交易商。过往的人纷纷嘲笑他："噢，祝你好运，没有人能预测未来。”

为了这个梦想，长大后的威廉整天躲在狭小的地下室里，将数百万根的K线一根根地画到纸上，贴到墙上，接下来便对着这些K线静静地思索，有时他甚至能面对着一张K线图发几小时的呆。

后来他干脆把美国证券市场有史以来的记录收集到一起，在那些杂乱无章的数据中寻找规律性的东西。由于没有客户，挣不到薪金，他许多时候不得不靠朋友的接济勉强度日。

这样的情况在他的世界持续了6年。这6年，威廉集中研究了美国证券市场的走势与古老数学、几何学和星象学的关系。

6年后，他发现了有关证券市场发展趋势的最重要的预测方法，他把这一方法命名为“控制时间因素”。他在金融投资生涯中赚取了5亿美元，成为华尔街上靠研究理论而白手起家的神话人物。

他叫威廉·江恩，证券行业尽人皆知的“波浪理论”的创始人。

成功需要梦想，梦想需要坚持，这是一条最原始也是最简单的真理。诺贝尔奖获得者巴斯德曾豪迈地宣称：“告诉你达到目标的奥秘吧，我唯一的力量就是我的坚持精神。”需要持之以恒的原因就在于，世上凡是有价值的事情通常都是有一定难度的，不可能一蹴而就，因此只有持之以恒才能完成。

第4章

把每一秒都当成一辈子

感恩生命的赐予，珍惜生命的每一天

在漫长的生命中，我们总是忽略时间的无情流逝，因为一些微不足道的事情纠结。很多人，总是抱怨命运对于自己太不公平，抱怨自己得到的太少，而付出的太多。因为朋友偶然犯的一个错误，他们怒火中烧；因为年幼的孩子不小心把果汁洒在了地上，他们大发脾气；因为爱人没有按时回家吃饭，他们甚至口不择言地提出了离婚……这一切的一切，真的值得人们大发雷霆吗？生命中，有太多的事情比这些鸡毛蒜皮的事情更加重要，而把宝贵的生命浪费在无谓的生气上，毫无疑问是很多理智的人都不会去做的。但是，恰恰有很多人在愤怒之余忘记了这些道理，成为负面情绪的奴隶。为什么会这样呢？原因只有一个，就是人们忘记了生命的短暂。假如生命只剩下一天的时间，你还会把这一天中的大部分时间都用于生气和抱怨吗？你肯定不会。那么，我们就把生命中的每一天都当成一辈子去过吧，当你想到时间不会再重新来过，你就会加倍珍惜身边的人和事。

一位曾经到阿拉斯加拜访过爱斯基摩人的作家，回来之后向人们讲述了他在那里的一个见闻：

“永远不要问爱斯基摩人他多大了。如果你问的话，他们也会对你说：‘我不知道，我也不在乎。’再追问下去，他们就会说：‘不到一天大！’爱斯基摩人相信，到了晚上入睡的时候，他们就死了。但在第二天的清晨醒来时，他们又重新活过来，获得新生。因此，没有一个爱斯基摩人能活过‘一天’！也因正为如此，每一个爱斯基摩人的面容都不带忧愁和焦虑，他们快快乐乐地过着自己的每一个‘一天’。”

“不到一天大！”——这并不是爱斯基摩人的一句玩笑话，仔细地回味这种“不到一天大”的生命心态与理念，你的心中一定会增添一份深刻的崇敬，甚至还感受到了一种莫大的震撼。

正是因为把每天都当成自己生命中的最后一天来过，所以，爱斯基摩人才会每天都轻松坦然，从来不为不值得的事情耗费自己的生命，更不会把自己宝贵的生命浪费在生气和抱怨上。一位名人曾经说过，假如你把每一天都当成生命中的最后一天，那么，终有一天，你会发现你是正确的。话虽然简单，但是却揭示了一个深刻的人生道理。假如我们能够做到这一点，那么，我们就能够轻松地度过自己的人生，我们的人生就会多了几分坦然和从容，少了几分沉重。

虽然大家都很憧憬天堂，但是谁也不会为了进入天堂而离开人世。因为几乎一切的事情， 包括一切的荣誉、一切的骄傲、一切对难堪和失败的恐惧，都会在死亡面前消失得无影无踪。所以，当面对死亡的时候，即使是最想不开的人，也会豁然开朗。也只有这样，我们才能时刻感激生命的馈赠和恩赐，满怀感恩地度过生命中的每一天。

对于生命，我们要有如下认识。

（1）生命，是命运给我们的最好馈赠。生命，对于每个人都只有一次机会，让我们好好地享受生命吧！

（2）把每天都当成一辈子来过，你会更加珍惜自己的一呼一吸，你会抛开那些身外之累，全身心地投入美好的生活。

（3）只有当即将失去生命的时候，我们才能真正感受到生命的可贵。

（4）就当自己死过一次一样好好地活吧！

妒忌是毒瘤，需尽早铲除

每个人都曾经在心里暗暗地妒忌过，唯一不同的在于，有些人表现出自己的妒忌，有些人压制自己的妒忌，有些人隐藏自己的妒忌。不管如何掩饰这种情绪，妒忌都存在，就在你的心里，从来不曾远离。如何才能获得真正的幸福和快乐呢？只要妒忌一天不离开你的内心，你就很难得到心灵的平静，更别说是幸福快乐了！人们妒忌他人的理由形形色色，有的人妒忌他人比自己长得漂亮或者英俊，有的人妒忌他人学习成绩比自己好，有的人妒忌他人有一份好工作，还有的人妒忌他人家境富裕，生来就是富二代……妒忌的种子一旦生根发芽，就会在人们的心里长成参天大树。

妒忌到底有何不好呢？妒忌没有任何好处，有的全都是坏处。妒忌他人，让我们无法平心静气地与他人相处，最终损害人际关系；妒忌他人，让我们原本平静的心波澜起伏，最终失去宁静；强烈的妒忌，让我们失去理智，做出追悔莫及的事情……妒忌是毒瘤，我们必须尽早铲除这颗毒瘤，才能更好地面对生活，更平静地面对千千万万个比我们优秀和幸运的人。心胸宽大的人，在看到他人的成就时，会羡慕，会祝福，唯独不会妒忌。为此，他们总是平静而快乐，也很容易满足。这就是没有妒忌心的好处，也是命运最珍贵的馈赠。记住一位哲人说的话吧，妒忌是魔鬼。

很久以前，思雨和若彤是好朋友。但是，随着学业的加重，进入初中之后，她们的友谊渐渐淡漠了。这一切，都是妒忌惹的祸。思雨在学习上比若彤更好一些，因而，若彤小时候经常被老师和家长叮嘱要向思雨学习。起初，若彤毫无感觉，依然和思雨是好朋友。但是到了初中之后，每当有人再这么说的时候，若彤就会很生气。渐渐地，她把愤怒转嫁到思雨身上，处处看思雨不顺眼。

每天完成作业的时候，她都情不自禁地猜测思雨花了多少时间写作业；每到考试的时候，她一边考试，一边都会暗暗想着哪道题思雨会做，哪道题思雨不会做；甚至连早晨起床上学，她都要把闹铃定早半小时，以便比思雨更早地到校。为此，渐渐地若彤的妒忌心理越来越强，直到一次期末考试，她又屈居思雨之下，位列第二，她冲动地把思雨的书包拿到操场上扔掉了。这件事情，让她们原本勉强维持的友谊现出原形，思雨这才知道若彤一直在妒忌她。这样的妒忌并没有帮助若彤进步，反而让若彤因为整日心神涣散，成绩一落千丈。后来，若彤父母得知此事后很无奈，只得让若彤转到一个新学校，才帮若彤摆脱了对思雨的妒忌心理。

因为妒忌他人，反而影响了自己的学习和生活，可谓得不偿失。每个人的人生都是短暂的，为了让自己的人生变得充实而有意义，我们必须戒除妒忌。其实，人与人之间不应该漫无目的地比较。当你妒忌别人的工作比你好，当你妒忌别人长得比你漂亮，当你妒忌别人有一个好老公，你也应该看到自己的很多长处，如性格开朗、身材高挑，老公虽然不能挣很多的钱，但是非常疼爱你，孩子也乖巧可爱……这些，说不定在你妒忌他人的时候，也正是他人妒忌你的原因。而且，从另一个角度来说，人与人之间非要争个高下输赢实在是无聊的举动。人，不管是权贵显赫还是平民百姓，每个人都是向死而生的。从婴儿呱呱坠地开始，就开始走向死亡。那么，我们一定要让这期间的过程愉快而又美好，充实而又富有意义。这样，我们才不枉在人世间走一遭。

无论什么时候，妒忌他人都会让自己成为最大的受害者。因为如果你隐藏妒忌，那么对方一定浑然不觉；如果你表现出妒忌，对方说不定因为能够引起你的妒忌而沾沾自喜。长期在妒忌心理的影响下，人们还会产生阴暗心理，甚至默默地诅咒他人。这种情绪的不断累积，很有可能让人们做出失去理智的事情，导致遗恨终生。既然如此，我们为何不好好地过完自己的一生，却把宝贵的生命浪费在妒忌他人这件事情上呢！聪明人一定不会这么做。

妒忌之心不会原地踏步，只会随着时间的流逝逐渐加深。生活中，只有明白事理、心胸开阔的人，才可能摒弃妒忌心，做一个淡定平和的人。朋友们，当你意识到自己已经开始妒忌他人时，一定要及时调整情绪，及时控制自己的妒忌之心，这样才能帮助你更好地享受生命。

人生如戏，却没有重演的机会

人生就像是一场戏，每个人都在戏里扮演着自己的角色，不管是心甘情愿还是不情不愿，人都没有权利选择自己既定的角色。而且，不管戏演得好还是不好，生旦净末丑，各有各的精彩，也各有各的烦恼。有人说命运天注定，也有人说命运把握在自己手中，其实都很有道理。每个生命从呱呱坠地的那一刻开始，有些事情就已经成为定局了，包括那些先天或者后天的。然而，从另一个角度来说，人的命运的的确确掌握在每个人自己的手里，经过后天的努力，我们可以改变很多事情，甚至连父母给的容貌都是可以改变的，这个世界还有什么不可能呢！

人的角色是多重的，而且随时随地处于变化之中。在父母面前，我们是儿子、女儿，到了公婆面前，我们又是媳妇；在上司面前，我们是下属；到了下属面前，我们又是上司，与此同时还要与跟多平级的同事打交道；在孩子面前，我们是父母，在配偶面前，我们又是丈夫、妻子；在商贩面前，我们是顾客，面对工作上的客户，我们又是销售者……总而言之，人在一生之中要扮演多重角色，而且随着年龄的增长，我们的角色也处于不断的变化之中，甚至有些时候要身兼数种角色。所以人们常说人到中年日子是最难过的，也是因为人到中年的时候身兼角色最多。尤其是在公众场合，每个人就像是在参加化装舞会一样，有着多重的角色，谁也不知道谁的内心世界究竟是怎样的情形。

当初，因为家境贫穷，面对着哥哥和妹妹的大学录取通知书，父母做出了一个痛苦的决定，即以抓阄的方式决定谁上大学。为此，父亲让比哥哥小几分钟的妹妹做阄，妹妹做着做着，突然有了一个大胆的想法，她悄悄地在两张字条上都写上“读”。等到抓阄的时候，她更是抢在哥哥前面抓了一个，并且狂喊“我可以读书啦”，喊完她就赶紧把另外那张字条撕碎了，口中还念念有词：“既然我抓中了，你也就不用再抓了，白费力气嘛！”哥哥黯然离开屋子，父亲却在擦眼角的泪。她不知道，哥哥早已经在父亲面前表态把读书的机会让给妹妹，也想好了如果抓到读书的阄，就谎称没有抓到，把机会让给妹妹。

一晃几年过去了，在哥哥的供养下，妹妹顺利读完大学，而且还谈了一个大学生男朋友，人生正式步入轨道，成了地地道道的城里人。哥哥呢，因为过度劳累，相貌已经呈现出和年纪不相符的苍老。不过，看到妹妹顺利结束学业开始工作，他还是很高兴的。

直到若干年后的一天，兄妹俩也已经为人父母，才体会到当年父母选择只供养一个孩子读书、让另一个孩子打工的艰难决定。为此，他们感慨唏嘘，又说到那个抓阄，看着苍老的哥哥，妹妹心里涌起愧疚，不由得说起了自己当年作弊的事情。哥哥却不以为然地说：“其实我本来就决定让你去读书的，父亲于心不忍，所以非要抓阄让命运决定。我想，我下学至少还能做些体力活贴补家用，你下学就只能一辈子待在农村吃苦受累。毕竟你是女孩子，又是我最心爱的妹妹，我不忍心让你失去前途。”听到哥哥的话，妹妹潸然泪下。如果时光可以倒流，也许她不会再这么自私吧。

生活中，我们常常听到大家说，假如时光能够倒流，假如我们能回到从前，假如再给我一次选择的机会，假如……无数个假如，都在指向已经逝去的昨天。然而，时光是不可能倒流的，这一点永远无法改变。事例中，面对哥哥的命运，妹妹不胜感慨唏嘘。当时如果哥哥读了大学，妹妹的命运也许不会很差，但是绝对不会比现在更好。这就是人生的舞台。

不管历史如何，都已经成为历史，是无法更改更不可能弥补的。细心的人会发现，大多数成功者之所以能够获得成功，就是因为他们都是坚定不移、意志坚强的人。不管是面对失败还是成功，也不管是感到满意还是遗憾，他们总是斗志昂扬、勇往直前。就像一艘船在海里航行，总是乘风破浪，无所畏惧。从这个意义上来说，不管我们在生活中扮演怎样的角色，都朝前看吧。唯有端正态度，积极面对人生，我们才能迎来更加美好的未来。

要把今天当成生命中的唯一一天

对于人生，每个人都有自己的设想，然而真正能够把人生设想付诸实践的人却少之又少。这些凤毛麟角的人最终都获得了成功，但是生活中的大多数人都得过且过，而且不断地把梦想拖延下去，最终在人生中失去方向，导致人生变得混沌模糊，甚至连前行的路也看不清楚了。这样一来，还谈何实现人生的理想呢？人生也必然变得黯淡无光。

就像每次旅行一样，我们也许在出发之前迫不及待地盼望着出发，在奔向目的地的途中又恨不得长出翅膀，而一旦到了目的地，又想要踏上归程。这就是人生的怪圈，我们总是憧憬着未来，盼望着明天的到来，却忘记了只有今天才是真正把握在我们手中的。生活中还有些人，总是为过去的事情懊恼，恨不得坐上时光穿梭机回到过去，改变历史。然而，这个世界上根本没有后悔药，也没有所谓的时光穿梭机。无论我们对于曾经的一切多么懊恼，我们都无法改变过去，这是毋庸置疑的事实。正如人们常说的，人的一生只有三天：昨天、今天和明天。昨天已经过去，成为历史。明天还未到来，还在遥远的不可知的未来。要想把握人生，不管是为昨天懊恼还是对明天憧憬，都于事无补。我们唯一能做的就是把每一个今天都当成生命中唯一的一天，都当成我们只能把握的当下。这样，我们才能让今天过得充实而有意义，而且毫无遗憾。以此类推，假如我们过好人生中的每一个今天，那么我们的人生必然会有所收获。

在英国蒙特瑞综合医学院里，有个学生总是郁郁寡欢。他对于自己的人生毫无希望，根本不知道自己的人生之路在哪里。他陷入焦虑不安之中，还总是担心自己无法通过考试，在平日的学习生涯中却又无事可做。实际上，他根本不像他所担忧的那么糟糕。他每门考试的成绩虽然算不上优秀，但是绝不很差。他的一生并没有经历过什么大风大浪，更不曾历经艰难坎坷。

1871年，在老师的推荐下，这个学生读了一本书。在书中，有句话使他茅塞顿开，这句话是："人生中不要去看模糊的远方，而首先要做好手边的事情。"年轻人突然找到了生活的方向，也意识到自己要想改变命运，就必须从做手边的点滴小事开始，从而实现人生的逆转。后来，这个年轻人不仅成功完成学业，还创办了举世闻名的霍普金斯大学。他，就是霍普金斯。不得不说，他正是因为把人生中的今天当成了唯一的一天、独立的一天，所以才成功实现人生的逆袭。

活在一个完全独立的今天里，是霍普斯金成功的秘诀，也应该成为我们每个人对待和把握人生的秘诀。当我们只为今天而活，当我们努力把每一个今天都活出属于自己的精彩，我们的人生必然变得与众不同、璀璨辉煌。

朋友们，不要白白浪费人生，更不要让我们的今天活得不如昨天，也不要为了还没有到来的明天煎熬。无论你现在从事什么工作，对于自己的人生现状是否满意，从现在开始，就让我们力争活好每一个今天，并且让我们人生的每一个今天都比昨天更好，都可以成为明日坚实的基础，这样，我们的人生才能更加充实厚重，我们的未来也才更多了一分希望。

立足当下，珍视现在就是营造最好的未来

生活中的每个人都有自己的理想，并且，大多数人都在为自己的理想奋斗着，但我们不得不承认的一点是，很多人对理想的憧憬过了头，如果你每天都在展望自己的未来而不踏实工作、生活的话，那么，只能让心智沉浸其中，只会陷入人生的陷阱。

有首古诗说得好，“明日复明日，明日何其多；我生待明日，万事成蹉跎”。我们每个人都应该追求自己的梦想，但更应该明白一个道理——静心，着眼于当下，才能营造出最美好的未来。只有把每一天都过得实在有意义，把每一天的学习、工作任务及时完成了，才能在每一天悄悄地成长，慢慢地长大。当你回过头来的时候，你会惊讶地发现，原来自己的每一天过得是这样的充实，你会为自己感到骄傲和自豪。

很多时候，美好的憧憬总是让我们觉得很美好，觉得自己离它已经很近了，实际上并不是如此，现实也不会因为你的想象而变得容易。“这山望着那山高”、不看重当下，那么，你

就容易忘记理想的实现是建立在现实的基础上的，结果你只能被理想和现实同时抛弃。你在人生的过程中会看到许多山峰，但你不可能翻越每一座山峰，得到所有美好的东西。命运对任何人都是公平的，当你为没有得到而苦恼时，还是仔细想一下自己将会失去什么吧！

珍视现在，就需要我们重视当下工作中的每一件小事、每一个细节，事情天天在做，但真正把事情做好、做到位却还有一段距离。小事做不了，何以成大事？很多时候，在工作和学习中出现的某些问题，恰恰是因为在细节上不够完善。有的工作已经做好了一大半，甚至只差最后这一步，但就是这点细微的区别使他们在事业上很难取得突破和成功。

的确，在追求成功的过程中，只有洋溢着满腔的热情、努力认真地过好现在的每一分钟，埋头苦干眼前的工作，心无杂念地充实地度过每一个瞬间，才能通向开辟美好未来的道路。

一位父亲告诫他的孩子说："无论你以后做什么样的工作，都要做到一丝不苟、认认真真、全力以赴。要是你能做到这一点，你就不必担忧自己没有好前途。你看这世界上，到处都是散漫、粗心的人，做事善始善终的人是供不应求、深受欢迎的，只有认认真真做事的人才是未来竞争的成功者。"

这位父亲的话是有道理的，一个人的成功并不在于他在做什么，而在于他有没有做到最好、做到位。成功者之所以成功，就是因为他们具备一个品质，专注于一件事并追求极致。因此，我们在学习、生活和工作中应该以更高的标准要求自己，能做到更好，就必须做到更好，能完成百分之百，就绝不只做百分之九十九。

因此，珍视现在、努力过今天很重要。无论你树立怎样大的目标，如果不认真面对每日朴实的工作，不积累业绩，就不可能取得成功。伟大的成果除了努力积累外别无他法。

最快乐的时刻就是活在当下

如果你希望自己的每一天能生活得十分快乐，那么就要学会活在当下，那样才会活得自在。你要分清楚过去和现在。你的过去只会对现在产生影响，如果你被困在过去的阴影中，你就不可能快乐地生活在今天。也许，对过去和未来的某些思考虽然是有益的，但是花费太多的时间去反省过去、计划未来，这其实是在浪费时间。因为生活本身只有在此时此地，才能充分享受生活。我们不能否认过去，但是也不能沉溺过去，只有关注现在，我们才能活得更像是自己，才能发挥我们的聪明才智，生活才能更加的真实和精彩。

根据快乐的原则，制订一个快乐的计划，就是只为今天而活。今天的生活，你就应该放下过去的烦恼、舍弃未来的忧思，而是把自己所有的精力投入今天的生活中，因为过去的已经过去了，而未来的还很遥远，所有今天才是应该抓住的机会。如果你是生活在过去或者未来的人，那么你现在要学会快乐地生活，那就是活在当下，只为今天而活。把你对昨天怀念或者对明天幻想的时间都用在今天，如果今天遭遇了困难，那么就要努力地克服；如果你今天遇到了喜悦的事情，那么就敞开胸怀高兴。

美国著名总统林肯曾经说过：“大部分的人只要下定决心都能很快乐。”每个人的快乐不是来自外在的，而是来自内心的。只要在每一天都保持快乐的心态，活在当下，你就会获得自由自在的快乐。人为什么会忧虑？都是因为沉溺在痛苦的过去，焦虑不可知的未来。如果一个人能够在心里抛下昨天和明天，只是展望今天，那么他心里的压力和负担就不会那么沉重。他就可以以轻松的心情来面对今天的困难或愉悦，就会觉得自己的每一天都是快乐的。

幸福的人要学会用快乐的心态来面对每一天，把“活在当下，活得自在”当作自己的座右铭。让自己去适应一切，而不是调整一切来适应自己的欲望；活在当下，就要保持自己的身体健康，珍惜自己；在每一天加强自己的思想，学习一些有用的东西；试着只考虑怎么度过今天，而不是把自己一生的问题都在一次解决。

第5章

无关生死的，都是小事

坦然接受无法改变的现实

人生的道路上，总是会出现我们无法预料的因素，我们渴望成功，但结果并不一定如我们所想象。那么，我们面对不能避免、不可改变的事实——失败，最好的态度就是认定事实，做出积极乐观的反应。

然而，在面对困难和失败时，我们总是听到一些人不停地抱怨、不断地自责。这样一来，将自己的心境弄得越来越糟。这种对已经发生的无可弥补的事情不断抱怨和后悔的人，注定会活在迷离混沌的状态中，看不见前面一片明朗的人生。

事实上，我们的生命正因为挫折而精彩。因此，在挫折面前，我们必须具备一定的承受挫折的能力，在既定事实面前，与其终日惴惴不安，还不如坦然接受，当然这需要我们历练一份坦荡的心境，只有这样，我们才能以豁达的胸怀来应对生活中的每一份酸甜苦辣，让原本平淡乏味的生活焕发出迷人的色彩。

1985年9月19日上午7时19分，墨西哥西南岸外太平洋底发生8.1级强震，震波约2分钟到达墨西哥城。顿时，该城整个大地突然剧烈颤动，仅仅90秒的时间，市中心30%的建筑物便化为瓦砾。在这次地震前的几小时，可爱的胡安娜·哈斯敏·阿利亚斯出生了，在那场灾难中，她失去了妈妈，但同时她又很幸运，她是当年警察和士兵们从墨西哥城华雷斯医院废墟里救出的第一个孩子。

爸爸因为无法承受失去妻子的痛苦而和年幼的胡安娜疏远。一直以来，她都住在姨妈家中。但当别人问胡安娜“那场灾难让你失去了母亲，你有什么想法？”时，胡安娜并不会觉得又一次被触碰了伤疤，她从没觉得自己和身边的其他人有什么不一样。对她而言，抚养她长大的姨妈给了自己全部的爱，她就和母亲一样。妈妈能给予的，姨妈也毫无保留地给予了她。

长大后胡安娜接受了墨西哥城特意成立的一个专门的心理医生小组的治疗，积极的心理治疗让胡安娜跨过了那道艰难的坎。

胡安娜说，正因为知道自己能活下来就是生命的奇迹，所以她要做的就是“朝前看”。现在的胡安娜已经结束了在墨西哥工业技术研究和服务中心的时尚设计课程，她希望在政府专项帮助“奇迹婴儿”的项目资金的支持下，再去学习英语，并上完大学课程。

的确，胡安娜的心态是值得很多人学习的，灾难已经发生，就不要再回首，当你回头看那个绊倒你的坎时，你又会想起以前的不幸经历，之前的伤疤又会被重新揭开，隐隐作痛。把头抬起来，天空依然星光灿烂。苦难有时会置人于死地或让人颓废，但有时也会使人爆发巨大的潜能，快速地成长。

我们也要向故事中的胡安娜学习，无论你在生活中遇到什么，你都要乐观，抛却那些伤心的往事，抛却那些失败后的懊恼。若想开心地生活，就必须勇于忘却过去的不幸，重新开始新的生活。

莎士比亚说过：“聪明的人永远不会坐在那里为自己的损失而哀叹。他们会用情感去寻找办法来弥补自己的损失。”美国著名文学家华盛顿·欧文曾有过这样一句名言：“人世间的任何境遇都有其优点和乐趣，只要我们愿意接受现实。”这句话的意思，就是，无论发生了什么，我们首先要做的就是学会接受它，然后适应它。只有这样，我们才能以崭新的面貌走出困境。

有句话说得好，“不经历一番寒彻骨，怎得梅花扑鼻香”，只有不断经历摔倒的苦痛，才能脱胎换骨。挫折，是谁也不想遇到，但谁也无法避免的东西。所有人都畏惧它的存在，这都是因为人们并没有真正理解挫折的本质。挫折本身是无罪的，可是人们却十分讨厌它。其实，正是因为挫折，才使我们的生活变得更加精彩，才使我们获得成功。挫折能将生活、家庭乃至世界变得更加精彩。如果你未经历一次挫折就直接获得了成功，那么，你就不会去努力创新，等待你的将是两个极端——光辉的一生或一辈子的失败。如果经过挫折才会成功，你将会拥有最高的荣耀，你不会因为没有创新而被淘汰，也不会因失败而黑暗一辈子。

有位哲人说过："假如上帝在你面前撂下了一座山，那么你绝不要在山脚下哭泣！翻过它就是了！"多么富有哲理的话呀！我们确实要用希望的力量来武装自己，勇敢地去翻越挡在自己面前的那一座座生活的高峰。所以，在生活中，无论遇到多么难办的事，我们都要保持积极乐观的心态，相信一切问题都会解决的。

总之，心灵不仅体现一个人的智慧，更决定一个人的生活、命运和价值的取向，心态是我们成功的关键，生活中每一个成功者无不是心态的主人。良好的心态对于我们的成功具有决定性的作用，不管我们做什么，首先我们应该学会保持良好的心态。而一个人，只有学会承受成败，才能节省下精力去为成功创造条件。没有人能有足够的情感和精力，既抗拒不可避免的事实，又创造一个新生活，你我只能在其中选一个。

每个人都要为生命中的错误买单

人不是神，不可能面面俱到。因而，人成长的过程就是不断犯错的过程，人生也是在不断纠正错误的过程中渐渐成熟圆润的。虽然每个人都知道宽容是人生最美好的品质，宽容别人就是宽容自己，宽容是以博大的胸怀对待他人，宽容是人世间最美丽的花朵。但是，依然有很多人不能宽容别人，或者即使宽容了别人，却无法宽容自己。也许有人会说，这是严于律己，宽以待人。的确，我们应该以这样的态度生活，但是我们又不能完全迷信这样的态度。当你一味地对自己严苛，永远不原谅自己所犯的错误，哪怕你的错误完全是出于无心，你却依然耿耿于怀，那么你就会陷入自己的囚牢，无法自拔。

宽容别人固然重要，宽容自己也是很重要的。如果你始终沉浸在懊悔和痛恨中，那么你的一生都会因此黯淡无光。要想拥有美好的人生和精彩的未来，我们就要学会宽容自己，学会为自己的错误买单。任何错误，不管是有心的还是无心的，我们都要勇敢地承担后果。归根结底，人非圣贤，孰能无过?

大学毕业后，秋秋顺利地通过面试进入这家公司工作，她非常珍惜这个机会。因而，工作中不管遇到什么困难，她都想方设法地克服，甚至还主动加班加点，最终在一个多月的时间里，获得了领导的好评。为此，秋秋更加干劲十足，想要一鼓作气，做出点儿样子来。

转眼之间，秋秋来到公司已经半年多了。有一次，领导特意点名让她负责一个策划案。秋秋兴奋极了，因为这个策划案是与一个大客户对接的，由此不但可以看出领导对她能力的肯定，也可以看出领导对她的认可和栽培。为此，秋秋整整一个星期都在加班，力求把策划案做得更加完美。然而，就在客户要来验收策划案的前一天，秋秋因为吃坏了肚子，一个晚上都在不停地跑厕所，因为睡眠不足和严重脱水，她第二天看起来精神憔悴。原本，领导看出她的异样，想让她委托其他同事与客户对接，但是秋秋却不愿意放弃这个机会，因而状态不佳地上场了。面对会议室里的客户团队和本公司的几位领导，她极度紧张，甚至有些眩晕。因为心神混乱，她不但带错了资料，还在讲解的时候漏洞百出，最终导致事情一团糟……结果可想而知。

这件事情使秋秋精心准备这么久的精彩亮相泡汤了，秋秋万分沮丧。她失去了千载难逢的好机会，让领导对她的工作能力产生怀疑，也不再像以前那样信任她了。每当这样想，秋秋就觉得犹如万箭穿心。她始终沉浸在懊悔之中，甚至影响了其后的工作。在接下来的一周时间里，她又接连几次在工作上出现失误。她甚至以绝食来惩罚自己，还与朋友去酒吧一醉方休，结果整个人的状态更加糟糕。最终，领导找她谈话，并且给她下了最后通牒：如果不能及时调整状态，就只能先辞职等待修整好了再工作。领导的话如同晴天霹雳，让秋秋蒙了。最终，她无奈地递交了辞呈。

对于职场新人来说，有谁不曾在工作上犯过错误呢？偏偏秋秋迈不过这个坎，总是想着失误的恶劣影响难以自拔，最终导致工作上频繁出错，后果更加严重。如果秋秋能够坚强一些，学会为自己的错误买单，那么她就能够意识到犯错没什么可怕的，最重要的是从错误中吸取经验和教训，未来不再犯同样的错误。如此一来，秋秋一定能够凭借更加出色的表现再次获得领导的赏识。

对自己不宽容的人，最终肯定会作茧自缚。当我们学会宽容他人，也要学会宽容自己，尤其是当很多错误并非出于本心时，只要尽力了，我们就应该给自己一个大大的肯定。没有人的人生是一帆风顺的，我们唯有以正确的心态对待这一切，才能让自己轻松地面对生活，宽容地接纳生活。

在唐山大地震和汶川大地震中，很多人在经历了死里逃生、失去亲人、家园毁灭的打击后，心理都出现了问题。他们一味地沉浸在悲痛之中无法自拔，导致未来的生活也不能开展。为此，国家组织了很多心理专家赶赴灾区为他们进行心理疏导，这是比灾后重建更加迫切的重任。很多错误，并非我们所能左右的。换言之，为人处世，只要尽力了，也就问心无愧。我们必须学会宽容自己，才能坦然面对人生的坎坷挫折。

忍让，也是聪明的人常常采取的策略

生活中，有很多人都像炮仗一样，一点即炸；还有很多人以狼自居，说自己是一头来自北方的狼，因而有着十足的狼性。其实，不管是炮仗还是狼，和忍让的聪明人相比，他们总是少了些忍耐，所以往往变得更加浮躁不安，也会因为冲动闯祸。

毋庸置疑，狼是一种非常具有野性的动物，而且具有极强的攻击性。再加上狼很固执，很少主动放弃猎物，一旦认准了目标就会勇往直前，因而很多职场人士都以狼自居。然而，人真的能够变成狼吗？也许人可以自以为是狼，或者以狼自居，但是人却不可能真的变成狼。不管人多么凶残，都不会像狼一样充满野性，变成和狼一样残忍嗜血的野兽。究其原因，狼必须对其他动物展开攻击，才能获取食物，但是人获得成功的方式却不拘一格，既可以不断进取，也可以以退为进，还可以委婉曲折地获得成功。很多高手往往擅长以退为进，他们不会因为无法取得进步就一直努力向前，而是采取以退步的方式委婉地进步。尤其是在事情的发展出人意料或者超出控制的情况下，忍让，往往能够使聪明人最大限度地发挥自身的特长，从而赢得最终的成功。

很多朋友都曾看过电视剧《青岛往事》。在这部电视剧中，由黄渤饰演的满仓看起来有些憨憨傻傻的，最终他居然奋发图强，以极度的忍耐和装疯卖傻的本领，战胜了日本精明的商人，从而为自己的兄弟报仇雪恨。不得不说，满仓是非常聪明的，他深知小不忍则乱大谋的道理，在事情千钧一发的时刻，他甚至不把真相告诉自己最爱的人，只为了最终赢得圆满的结果。

现代社会，一个人的能力终究是有限的，而且随着分工和合作越来越密切，每个人也必须融入团队之中，才能与他人搞好关系，集合团队的力量，为自己的人生赢得更好的结果。现代社会不是崇尚个人英雄主义的时代，要想赢得他人的认可和尊重，也为事业和工作铺垫道路，那么我们一定要搞好人际关系，切勿木秀于林。

可以说，每个人生活在这个时代，都需要忍让。生活中需要忍让，如果你是火暴脾气，那么渐渐地你身边的朋友就会越来越少。而且，千万不要得理不饶人，任何人都需要保持自身的好脾气和好性格，而且得理也要饶人，还要以德报怨，才能最终打动他人心扉。在如今这个和谐社会，和谐真的要从你我做起，要从我们身边的点滴小事做起。

尤其是在现代职场上，竞争越来越激烈，人才辈出，依靠自身能力就能在职场上叱咤风云的时代已经一去不复返了。一个人要想在职场上混出个样子来，除了要具备超强的能力之外，更要具备良好的人际交往能力，拥有丰富的人脉资源。尤其需要注意的是，作为职场新人或者是公司新进员工，必须非常低调。在度过最艰难的时期之后，只有当每个人都对我们竖起大拇指，我们才能稍微松口气，但是低调和忍让也依然是必须的。

民间有种说法，叫作枪打出头鸟。尽管一个人默默无闻是很可怕的。但是如果一个人过于出风头、过于高调，也必然招致某些人的羡慕妒忌恨，甚至还会因此为自己惹来麻烦。总而言之，生活中总是有各种各样的事情发生，我们必须根据事情的实际情况，给出最好的处理和解决办法。记住，聪明人绝不冲动，如果说一时的忍让能够帮助我们争取更多的时间用心思考，那么一时的冲动只会导致我们因为说出去的话、做出去的事情追悔莫及，甚至酿成大祸。

关于忍耐，我们需要有如下认知。

（1）人在屋檐下，有的时候是必须低头的。所谓好汉不吃眼前亏，留得青山在，不怕没柴烧，这些民间俗语都告诉我们，我们必须尽量忍耐，才能获得更好的发展。

（2）需要注意的是，忍耐不是怯懦。任何时候，我们可以忍耐，但是绝不能怯懦。

（3）忍耐也是要讲究度的，过度的、毫无原则的忍耐，无异于自我捆绑，使人低看我们一眼。因而，我们的确需要忍耐，却要把握好度，这样才能赢得他人的尊重。

塞翁失马，焉知祸福

很久以前，有个老人生活在边塞地区，与胡人居住的塞外相邻。老人以养马为生，很多来往边塞的人都从老人这里买马，日久天长，大家都称呼他为“塞翁”。塞翁一把年纪，对于事情有着非常独到的见解，有的时候，他说出来的话，他身边的人根本无法理解。

有一次，塞翁家的马丢了一匹。当时，马是非常珍贵的财产，价值不菲，因而邻居们听说此事后，纷纷赶来安慰塞翁。出乎他们的预料，塞翁非但没有为此感到伤心，反而安慰邻居们：“没关系，尽管马很贵重，但是丢了就丢了，说不定还是好事情呢！”邻居们都莫名其妙，还以为塞翁因为过于伤心，犯糊涂了呢！然而，十几天过去了，塞翁丢失的那匹马突然回来了，而且还带回一匹胡人的骏马。听说塞翁遇到这种天上掉馅饼的好事情，大家都为塞翁感到高兴，因而全都赶来恭喜塞翁。不想，塞翁却愁眉苦脸地说：“多了一匹马有什么好的，也许会招致灾祸呢！”听到塞翁的话，大家都觉得他在故弄玄虚，虽然心里暗自欢喜，表面上却要装出不以为然的样子。为此，大家全都笑着走开了。果然，不出几天，塞翁唯一的儿子骑着这匹胡人的骏马去集市上玩耍，突然被骏马掀翻在地，摔断了腿。得知塞翁的爱子受到这样的灾难，而且从此以后变成瘸子，热心的邻居们认为塞翁一定非常伤心，所以都赶来安慰塞翁。塞翁却面无表情地说："摔断了腿也许未必是坏事情吧。"大家全都以为塞翁伤心欲绝，糊涂了。不想，半年多的时间过去了，因为胡人大举入侵，边塞突然爆发战争，村子里身强体壮的年轻人都被应征入伍，奔赴沙场，塞翁的儿子却因为腿部残疾，得以留在家里。一年之后，那些年轻人全都战死沙场，塞翁的儿子却安稳地活着，陪在老父亲身边。

塞翁失去一匹马，又得到一匹马，儿子因为平白无故得来的骏马摔断了腿，后来却因此免于服兵役，得以保命，这件事情前前后后跌宕起伏的变化，使人不胜感慨唏嘘。的确，塞翁失马，焉知祸福呢？正如古人所说，福祸是相依相存的。有的时候看似是好事情，实际上却是坏事情；有的时候我们觉得事情已经糟糕至极了，但是却柳暗花明又一村，反而情势转变，变成了好事。总而言之，我们每个人都是人，而不是神仙，根本无法预知事情的准确变化。在这种情况下，我们只能竭尽所能地做好一切事情，才能尽量争取好的结果。

现实生活中，每个人在人生路上都会有形形色色的遭遇。与其为了突如其来的灾祸痛心疾首，悔不当初，不如把握好当下，从而竭尽所能地抓住有可能出现的好机会。

（1）在事情没有真正发生之前，没有人能够预测到事情的结果，我们唯一能做的就是活在当下，把握好当下的生活。

（2）表面上看起来的好事情未必真的是好事，表面上看起来的坏事情也未必真的是坏事。事情总是处于不停的变化之中，我们唯有把握好人生的每一次机遇，才能尽可能地把握人生。

（3）人生总是不停地得到又失去，既然得失乃是人生常事，我们也就无须为了人生的得失无限懊悔。当我们的心变得平静坦然，我们也就能从容面对得失。

与无所谓的焦虑说再见

人生不可能是一帆风顺的，既有顺境，也有逆境，人生也不可能总是顺心如意的。当感到欣喜的时候，不要忘记人生也有可能遭遇坎坷与挫折；当心情低落的时候，也要多多想起人生中的美好，从而帮助自己平复心情。我们的人生就像是一个天平，时而倾向这头，时而倾向那头，导致我们的心情也波澜起伏，时常感到焦虑。

生活中，有很多人都被焦虑缠绕，无法自拔。实际上，人们所焦虑的事情真的会发生吗？事实证明，大多数人所焦虑的大多数事情都是不会发生的。在这种情况下，人们一不小心，就会把未雨绸缪变成杞人忧天。诸如，很多大学生大学还没有毕业，就因为焦虑，为自己的未来担忧。还有很多人，年纪轻轻，就发愁自己如何才能住上大房子、买上豪车。其实，他们都未免过于心急了。人生是漫长的过程，在不同的人生阶段，每个人都要做自己该做的事情，拔苗助长是行不通的。更有些杞人忧天的人，居然担心会发生地震或者海啸等极端天气，我们不得不说，这样的忧虑都是毫无意义的。首先，天灾都是突然发生的，而且很难有所预示，所以即便真的发生，我们也只能勇敢面对。其次，对于人祸，我们可以尽量规避，但是却不能怕事。任何情况下，我们都要勇敢，要有原则和底线，这样才能在未来赢得希望。最后，对于那些已经发生的事情，我们无法改变；对于那些还没有到来的未来，我们唯一能做的就是把握好现在。在这种情况下，我们唯有过好人生的每一个今天，才能拥有圆满的人生。

有心理学家进行了实验。他让那些受试者把自己忧虑的事情写到一张纸上，装到信封里。等过了一段时间之后，再让那些受试者打开信封，看看自己当初曾经担心的事情是否真的发生。结果，事实证明，大多数人的忧虑都是毫无理由的，也根本没有变成现实。由此可见，我们必须抛弃那些无所谓的忧虑，才能更加理智从容地生活。

此外，我们还要尽量避免让忧虑影响我们的生活。很多炒股的朋友都知道，炒股都有“止损点”，意思就是在股票跌到一定程度的时候，他们就选择抛掉股票。实际上，我们也可以给自身的焦虑定一个“止损点”。当我们感觉自己过于焦虑的时候，我们就可以停止焦虑，拒绝焦虑，不再焦虑。要知道，人的情绪对于人生的影响是很大的，假如我们不能及时控制焦虑，我们就会无限度地焦虑下去，最终非但于事无补，反而会使事情变得更加糟糕。换言之，面对任何难题，唯有冷静理智地解决问题，才能彻底战胜困难。

从生理的角度而言，焦虑对我们的身体健康毫无好处。很多人因为焦虑，身患各种隐形疾病，诸如胃溃疡、高血压、心慌失眠偏头痛等。这些疾病，都是长期焦虑引起的。假如我们能够及时止住自己的焦虑，不但能够保持良好的情绪，还能保证身体健康。正如大家常说的，身体是革命的本钱，我们唯有身体健康，所拥有的一切才有意义。

刘老师是个很容易焦虑的人。自从成为高三的班主任，他就面临巨大的教学压力，也因为学生的成绩感到非常焦虑。夜里，他常常到凌晨两三点还无法入睡，辗转反侧，等到真正把学生们都送入高考的考场，刘老师才如释重负。要知道，这一年的时间里，他始终在依靠安眠药睡觉。所以，等到校长再次安排他当班主任时，他说什么也不愿意干了。当然，李老师的焦虑不仅限于工作，他也因为家庭生活中的很多琐事感到焦虑。诸如，他家买了房子之后，每个月都要还三四千元的月供，这让刘老师感到压力很大。毕竟，他和妻子的工资加起来才七八千元，所以他整日担心家里有人生病，或者是突发紧急情况需要用钱。后来，刘老师越来越抑郁，最终去看心理医生。在心理医生的开导下，他才渐渐意识到焦虑不但对于事情没有任何帮助，反而会导致事情恶化。渐渐地，刘老师变得越来越开朗，不再毫无意义地焦虑了。

对于每个热爱生活的人而言，焦虑的影响是很大的。在现实生活中，人们总是情不自禁地陷入各种各样的焦虑之中，不但导致身体状况恶化，而且导致整个人生都变得黯淡无光。假如我们能够以各种方式抛开焦虑，拥有从容不迫的人生，我们一定能够阳光明媚、心胸开阔。

（1）人活着，不是为了焦虑，而是为了获得幸福和快乐。虽然我们要未雨绸缪，但是我们不能因为还没有发生的事情而焦虑和忧愁，否则我们就会远离快乐。

（2）所谓车到山前必有路，任何时候，我们都要勇敢面对人生的馈赠，做人生的勇者。

（3）记住，你所担心的事情大多数不会发生，因此在事情没有成为定局之前，先不要忙着焦虑。与其把宝贵的时间用来焦虑，不如把时间用来做更多的事情，只有把握好当下，我们才能拥有美好的未来。

清空糟糕情绪，坦然面对人生

漫漫人生路上，我们背起简单的行囊上路，却在行走人生的过程中，不断地背负越来越沉重的行囊。这都是因为人是贪心的，所以才会不断地加重自己的行囊，导致自己的人生之路随着不断推进，也变得越发沉重，不再轻松。实际上，人生是需要清零的。就像过日子一样，大多数家庭随着时间的流逝，都会拥有很多的废弃物。很多老人舍不得丢掉那些无用的东西，因而导致家里的东西越来越多。相反，大部分人都舍得扔掉不用的废物，因此家里才能始终保持干净清爽。在生活中的过程中，我们就必须学会不断扔掉那些废弃物，从而让生活轻装上阵，减负前行。

当然，家里的废弃物是很多的，诸如孩子穿小的衣服、大人已经过时的时装，以及各种不再使用的家具电器等，这都属于家庭废弃物。将它们从家中清除出去之后，不但衣柜多了更多的空间，整个家看上去也会焕然一新。其实，不仅家庭需要清除废弃物，人的感情和心理上也是有废弃物的。诸如那些糟糕的情绪，如果长期淤积在我们的心里，我们就会因此感到心情沉重，甚至郁郁寡欢。在这种情况下，我们唯有定时定期清理自己的糟糕情绪，让自己的情绪归零，才能让自己变得轻松愉悦，人生也会变得更加顺遂如意。

毋庸置疑，每个人的心灵都是脆弱的，也是不堪重负的。尽管在成长的过程中，我们变得越来越坚强，也在征服困难和磨难的过程中，不断历练自己，但是我们终究要学会给心灵松绑。很多朋友喜欢否定自己，感到非常自卑，觉得自己不管在哪些方面都不如他人，实际上，这完全是不足取的。对于自己，我们更要勇敢面对，愉快地接纳。试想，假如一个人连自己都不愿意接受，而且对自己吹毛求疵，他又怎么可能做到快乐地面对他人和整个世界呢！所以，悦纳自己，实际上就是给自己的心灵松绑。只有悦纳自己的人，才能悦纳人生，才能坦然接受命运赐予我们的一切。

经常使用电脑的朋友知道，在长期使用之后，电脑上会留下很多垃圾，导致电脑运行速度变慢，垃圾越积存越多。为了让电脑运行的速度变快，我们就要用到删除文件的程序，然后再清空回收站。清空心灵和清除电脑上的垃圾一样，能够让人脑和电脑一样速度加快，也能够使我们的思路清晰，做出更加理智的决策。

娅菲在广告公司工作，是策划专员。她有个客户，想要策划一个文案，但是却始终拿不定主意，直到半年之后，才定下策划的思路。对于这个客户，娅菲也是怨声载道，不过她每次感到郁闷的时候，就和好朋友乔乔发发牢骚，发完牢骚之后就不再郁闷了。看到娅菲的样子，乔乔总是很羡慕。她问娅菲：

"虽然你也会因为客户难缠而生气，但是我觉得你只是生气而已，而且你生气的时间很短。"娅菲笑着说："当然不能一直和客户生气啊。要是为了客户，影响我正常的生活，那么我岂不是更加损失惨重。工作嘛，只是生活的手段，我们最根本的目的还是幸福快乐地生活。"

听了娅菲的话，乔乔不由得陷入沉思。过了很久，她才说："我真的要向你学习，有的时候工作上遇到障碍，我会非常郁闷，影响自己的心情不说，回到家里也影响家人的心情。有一次我心情不好，还把孩子训斥了一顿呢，过后自己又很后悔。""你呀，情绪垃圾太多，必须及时清理。不然，工作能否干好暂且两说着呢，家里的生活也不那么愉快了。而且，如果你把工作上的情绪带回家里，你岂不是相当于回家之后还在工作吗？难道你就这么心甘情愿地24小时加班啊！"娅菲一语惊醒梦中人，乔乔当即决定以后一定要彻底改变，再也不把情绪带到生活中了。

一个人如果不能及时清除工作中的情绪，就相当于把工作中的情绪带到了家里。很多职场中人最讨厌的就是加班，却不知不觉地全天候加班，因而我们必须认清事实、端正心态，才能让自己获得更加轻松愉悦的心情，也获得幸福快乐的生活。

（1）要想放空自己的思绪，就要学会静心冥想。很多时候，我们的生活过于忙碌，我们整日熙熙攘攘，却不知道自己为何奔波。只有把心绪整理好，我们才能有目的地生活，也才能让自己收获人生。

（2）放空自己的方式有很多，既可以安安静静地整理自己的思绪，也可以找个热闹的地方看着川流不息的人群。总而言之，只要内心能够获得宁静，就能事半功倍。

（3）假如你听惯了那些缠绵细腻的情歌，不如换个摇滚歌曲听一听吧。此外，血拼购物为自己添置新衣服，或者是收拾房间，或者是换个发型，都能起到不错的效果。

（4）改变自己的日常生活，诸如你以前换乘地铁都是乘坐扶梯，现在不妨气喘吁吁地一气走完楼梯，那种感觉也能让你的人生焕然一新。

第6章

学会和这个世界友好相处

会休息的人才能更好地工作与生活

可能很多求学者有这样的疑问：那些北大学子是怎么考入北大这所著名学府的？大部分人的回答可能是勤奋、努力、惜时，但那些各省市的状元在接受采访时，都坦言劳逸结合才是他们最好的学习方法。然而，在进入北大后，他们担心自己随时都有可能被他人迎头赶上，于是，他们不断埋头苦读，最终让自己承受了巨大的压力。其实，如果他们能继续以良好的、劳逸结合的状态学习的话，相信他们能学得更好。

其实，不只是在校学习，现代社会，处于重压下的人们每天都在拼命地工作，虽然双休日时能够在家小睡个懒觉，但恐怕心也不会那么淡然。用持之以恒的精神拼搏、奋斗是我们必须具备的一种品质，但并不意味着要一刻不停地奔波与忙碌。适可而止，会休息才会成长。只会向前猛冲，而不懂得减速缓行的人，在人生的某个弯道处，一定会冲出跑道，损失更多。

因此，生活中的人们，无论是学习还是工作，一定要懂得休息，只有劳逸结合，才有更高的工作效率。

有个成功的企业家，他的成功可谓是一路艰辛。他从十几岁就开始给别人帮工，每天都是早起晚睡，整天都是忙忙碌碌，好像他就没有休息过，也没有参加过任何的娱乐活动，那段日子，他的梦想是，将来自己有一间铺子就好了。

几年后，他终于开了一间铺子。生意不错，此时，他告诫自己，自己的生意，更不能放松，于是仍然起早贪黑，匆匆忙忙，休息时间更少了。他想，等将来生意做大了就好了。

又过了几年，他的生意果然做大，拥有了数间很大的门市，每天货进货出几百万元的资金流动，他更不敢放手给别人去做，还是自己苦拼，联系货源，接待客户，管理账目……没黑没白，忙得如有狼在后面追一般。看他真的好辛苦，有人就劝他：“你放一放可以吗？好好地休息一天，看看世界会不会大变！”

他回答：“不行，我不做时，别人会做的，前面的那些大户我会追不上的，后面一些中小户又逼上来，放一放，我会落在后面的。”

终于有一天，他累倒了，被迫躺在病床上不能动了，以前高速运转的日子一下停下来，他终于可以静静地想一下匆匆而过的人生了。有一次，他看到一个病人被抬进手术室再也没回来，那个病人很年轻，刚刚还与自己谈出院后要去旅行。他看着对面空空的病床，心不由一震，顿时大彻大悟：人由生到死其实只是一步的事，这一步，自己却走得太过沉重啊！一直以来，自己的名利心太重，想要的太多，然而真正得到的却很少。如果不是这次病倒，他会一直拼到50岁、60岁，甚至更久，没有娱乐，没有休息，最后两手空空地离开这个世界，这是一件多么可悲的事啊！康复后，他像换了一个人似的，生意还在做，只是不那么拼命了，他不再去追前面的大户，也不怕后面的小户追上来，甚至错过一笔很有赚头的生意也不会在意，人们还经常可以在高尔夫球场上看到他，有时他也慷慨地与他的家人坐飞机到外地旅游。

他终于懂得了生活的意义。

生命如此脆弱，人生苦短，我们当然需要努力地工作，但我们不能忘记，除了工作之外，还有很多值得我们追求的东西，如健康、幸福等。因此，和故事中的企业家一样，我们也应及早幡然悔悟，才能收获一份最本真的快乐。

有过登山经历的人会有这样的体会，那就是：山很高，需要分好多步才能登顶，最关键的其实就是在中途，一旦停不下来休息，那么就必然会在最接近终点的时候落下。工作中，我们适时调整自己也是必需的，一个真正会学习的人不会打疲劳战，而是懂得充足的休息才有更充沛的精神。

那么，在工作与学习中，我们该怎样做到劳逸结合、调整自己呢？

1. 统筹兼顾、合理安排

应该合理分配工作、休息的时间，做到劳逸结合，把握好生活的节奏。

2. 多做体育运动

不知你有没有这样的体验：当情绪低落时，参加一项自己喜欢又擅长的体育运动，可以很快地将不良情绪抛之脑后。这是因为体育运动可以缓解心理焦虑和紧张程度，分散对不愉快事件的注意力，将人从不良情绪中解放出来。另外，疲劳和疾病往往是导致人们情绪不良的重要原因，适量的体育运动可以消除疲劳，减少或避免各种疾病。

3. 留出一些机动时间以处理突发状况

很多人认为，忙碌的一天才是充实的一天，以至于他们经常把一天的日程安排得满满的，但一遇到突发事件，就手忙脚乱了，其实，你应该学会合理规划时间，留出一些时间处理突发情况；即使没有出现这些突发事件，你也能给自己一个放松和休息的机会，或与父母、朋友联络一下感情、考虑一天工作中的得失等。

总之，对于日常工作和学习，我们只要合理安排时间，懂得调节自己，做到劳逸结合，大可以不慌不乱，甚至有一些充裕的时间享受生活。

学会调适，压力不是阻力

人生中有许许多多我们始料不及的事情，正是“欲渡黄河冰塞川，将登太行雪满山”。如果不能承受压力，跌倒后爬不起来，就绝不会涌出“长风破浪会有时，直挂云帆济沧海”的凌云壮志、万千豪气！而若要成功克服困难，除了要有坚强的毅力外，我们还要学会调适自己的心态，绝不可把压力当阻力。因为我们不能看见整幅图像，表面上看起来是对我们好的事，可能并不是。反而，我们认为的逆境，事实上对我们却有帮助。

敞开自己去了解，你会发现，压力并不是你必须去除和消灭的敌人，而是你最真诚的朋友。因为，它们给你带来的是最可遇而不可求的生命领悟，当你把这些带来礼物的朋友当成敌人，你就收不到它馈赠的珍贵礼物。

如果我们能学会调适自己的心态，就能看到压力的另一面，我们就会以坦荡的心境、豁达的胸怀来应对生活中的每一份酸甜苦辣，让原本平淡乏味的生活焕发出迷人的色彩，那么，你会发现，磨难与逆境也不过是飘来的“浮云”。

北大校友、新东方总裁俞敏洪在他的博客里讲过一个关于捡砖头的故事。俞敏洪的父亲是个木工，常帮别人建房子，每次建完房子，他都会把别人废弃不要的碎砖瓦捡回来，有时候父亲在路上走，看见路边有砖头或石块，他也会捡起来放在篮子里带回家。

久而久之，家里的院子就多出了一个乱七八糟的砖头碎瓦堆。直到有一天，俞敏洪的父亲在院子一角的小空地上开始左右测量、开沟挖槽、和泥砌墙，用那堆乱砖左拼右凑，建成了一个让全村人都羡慕的院子和猪舍。

当时俞敏洪只觉得父亲一个人就盖了一间房子，很了不起。长大后，俞敏洪才从一块砖头到一堆砖头，最后变成一间小房子中体悟到做成一件事情的全部奥秘。

“一块砖没有什么用，一堆砖也没有什么用，如果你心中没有一个造房子的梦想，拥有天下所有的砖头也是一堆废物；但如果只有造房子的梦想，而没有砖头，梦想也没法实现。”家里穷得揭不开锅的时候，要不急不躁、学会忍耐，要积攒足够的砖头来造心中的房子，捡砖头的精神后来就成为俞敏洪做事的指导思想。

或许你仍在向往一帆风顺，可是面对现实的曲折的人生，所谓的一帆风顺只能是心灵的一种慰藉。唯有奋斗不息才能够成为命运的主人，而在这一步步的努力中，你必须学会忍耐。

罗曼·罗丹曾说：“只有把抱怨别人和环境的心情，化为上进的力量才是成功的保证。”经受别人的考验、提升自身的张力，你才会在人头攒动的人海中脱颖而出。

礁石，想要展现浑然天成的光滑弧度，就必须接受海水无数次的冲撞；河蚌，想要孕育出晶莹的珍珠，就必须接受沙砾残忍的侵蚀；雄鹰，想要搏击长空，就必须忍受一次次试飞的跌落；人，也是一样，庸人把磨难当作“命运多舛”，而智者却把磨难当成一种财富。

然而，你不明白的是，压力对于我们来说，更是一笔宝贵的财富。生活原本就是平淡的，如果再没有一些磨砺，那么，我们的生活还有何滋味可言呢？当然，除了要调适自己的心态外，我们还需要找出一种能帮助自己清理情绪垃圾的方法，我们先来看下面的一个故事：

一位年轻人去看医生，抱怨生活无趣和永无休止的工作压力，心灵好像已经麻木了。诊断后，医生判断他身体毫无问题，却觉察到他内心深处有问题。医生问年轻人：“你最喜欢哪个地方？”“不知道！”“小时候你最喜欢做什么事？”医生接着问。“我最喜欢海边。”年轻人回答。医生于是说：“拿上这三个处方，到海边去，你必须在早上9点、中午12点和下午3点分别打开这三个处方。你必须同意遵照处方，除非时间到了，不得打开。”

这位年轻人身心俱疲地拿着三个处方来到了海边。

他抵达时刚好接近9点，独自一人，没有收音机、电话。他赶紧打开第一个处方，上面写道：“专心倾听。”他开始用耳朵去倾听，不久就听到以往从未听见的声音。他听到波浪声，听到不同的海鸟叫声，听到沙蟹的爬动声，甚至听到海风在低诉。一个崭新、令人迷恋的世界向他展开双手，让他整个人安静下来，他开始沉思、放松。中午时分他已陶醉其中，他很不情愿地打开第二个处方，上面写道："回想。"于是他回想起儿时在海边嬉戏，与家人一起拾贝壳的情景……怀旧之情汩汩而来。近3点时，他正沉醉在尘封的往事中，温暖与喜悦的感受使他不愿去打开最后一张处方。但他还是打开了。

"回顾你的动机。"这是最困难的部分，亦是整个"治疗"的重心。他开始反省，浏览生活工作中的每件事、每一状况、每一个人。他很痛苦地发现他很自私，他从未超越自我，从未认同更高尚的目标、更纯正的动机。他发现了造成自己疲倦、无聊、空虚、压力的原因。

这个故事中，这位年轻人遵循医生的建议来到海边，给了一个自我反省的机会，才认识到自己的缺点——自私、从未超越自我、从未认同更高尚的目标，这就是他感到空虚、压力大的原因。心理学家曾说过："人是最会制造垃圾污染自己的动物之一。"正如清洁工每天早上都要清理人们制造的成堆的有形的垃圾一样，我们要想彻底消除倦怠，也必须经常地反省自己，时刻清洗心灵和头脑中那些烦恼、忧愁、痛苦等无形的垃圾，真正让自己时刻心如明镜、洞若观火，以最好的状态投入工作。

那么，在压力面前，我们该怎样调适呢？下面是几条建议：

1. 自我暗示

采取这种方法，可以抑制不良情绪的产生。例如，你可以告诉自己，我是最棒的，沉住气，别紧张，胜利一定是属于自己的。这样就能增强自信心，就会冷静下来，就能遏制冲动，避免不良情绪造成不良后果。

2. 自我激励

这是用理智控制不良情绪的又一良好方法。恰当运用自我激励，可以给人精神动力。当一个人在困难面前或身处逆境时，自我激励能使他从困难和逆境造成的不良情绪中振作起来。

3. 心理换位

这也是消除不良情绪的有效方法。所谓心理换位，就是与他人互换位置角色，即俗话说的将心比心，站在对方的角度思考、分析问题。通过心理换位，来体会别人的情绪和思想。这样就有利于消除和防止不良情绪。

总之，一个人如何面对压力和困难，体现了他的情商。在压力面前，我们只有学会调适，才能及时卸下包袱，继续上路!

凡事独立思考，不人云亦云

日常生活中，可能我们都有这样的感触：对于那些已经经过前人证实的观点或者众人都认同的思想，我们通常会本能地接受、省略思考的过程。而事实上，如果一个人总是有从众心理的话，那么，他最终会变得随波逐流、毫无创新意识和创新能力，进而一事无成。因此，生活中的人们，面对任何事，我们都要有自己的判断。这一点，1000多年前的伽利略就给我们树立了榜样。

在伽利略之前，古希腊的亚里士多德认为，物体下落的速度是不一样的。它的下落速度和它的重量成正比，物体越重，下落的速度越快。例如，10千克的物体，下落的速度要比1千克的物体快10倍。

1700多年以来，人们一直把这个违背自然规律的学说当成不可怀疑的真理。年轻的伽利略根据自己的经验推理，大胆地对亚里士多德的学说提出了疑问。经过深思熟虑，他决定亲自动手做一次实验。他选择了比萨斜塔做实验场。

这一天，他带了两个大小一样但重量不等的铁球，一个100磅，是实心的；另一个1磅，是空心的。伽利略站在比萨斜塔上面，望着塔下。塔下面站满了前来观看的人，大家议论纷纷。有人讽刺说："这个小伙子的神经一定是有病了！亚里士多德的理论不会有错的！"实验开始了，伽利略两手各拿一个铁球，大声喊道："下面的人们，你们看清楚，铁球就要落下去了。"说完，他把两手同时张开。人们看到，两个铁球平行下落，几乎同时落到了地面上。所有的人都目瞪口呆了。

伽利略的实验，揭开了落体运动的秘密，推翻了亚里士多德的学说。这个实验在物理学的发展史上具有划时代的重要意义。

表面上看，重的铁球应该是最先着地的，但实际上，伽利略向所有人证实了事实并不是如此。

从这里，我们应该有所启示。很多时候，事物的表象往往具有迷惑作用，要想拨开迷雾，你就要善于运用逻辑思维。因为思维既不同于以动作为支柱的动作思维，也不同于以表象为凭借的形象思维，它已摆脱了对感性材料的依赖。

那么，生活中的人们，该如何做到凡事独立思考、不人云亦云呢？

1. 善于变被动为主动

萧伯纳有一句名言：“明白事理的人使自己适应世界，不明白事理的人想使世界适应自己。”人都是在这种主动的不断调整、不断适应的过程中成长的。那些被动学习和工作的人，总是郁郁不得志。相反，那些积极上进、勇于创新者，也许常有一时的困顿，但最终都能拥有一个比较辉煌的前景。

因此，你也应该有主动的精神，只有主动、积极地去学习、思考、工作，才是有效率的。

2. 敢于坚信自己

创新能否最终获得成功，能不能相信自己很重要，有自信，相信自己正确，那么，你就敢走自己的路，就能不怕失误、不怕失败。在大多数情况下，不敢自信走“小路”的人，通常也难成为创新型人才。

3. 善于学习前人的经验

像牛顿这样的科学家，在概括自己的科学理论成果时都说，他是站在巨人肩上的矮子。牛顿当然不是矮子，而是巨人，但他确实是站在前人的肩上的。没有对前人知识的学习、吸收和批判，就不可能有牛顿的科学理论创新。

4. 敢于打破各种定见和共识

要想成为一个有创造力的人，你需要：第一，不要迷信权威；第二，不要太依赖他人，学会独立思考；第三，摒除观念思维、经验主义等主观定式，不要给自己上思维枷锁，你不仅需要敢于挑战书本的权威，也需要敢于自我否定。

5. 敢于否定他人

独立思考是否定他人、提出不同意见的前提，反过来，做到后者，你也会逐渐学会独立思考。

6. 独立面对各种难题

正如一位名人所说：“所谓成长，就是去接受任何在生命中发生的状况。即使是不幸的、不好的，也要去面对它、解决它，使伤害减至最低。所谓的成长，所谓的智能，所谓的成熟，都不过如此。”这样的人才能独当一面，成为一个自立自强的人。

总之，一个有从众心理的人是很容易人云亦云的，这种心理足以抹杀一个人前进的雄心和勇气，足以阻止自己用自己的努力去换取成功的快乐。它还会让我们跟随他人的脚步而只能停在别人的身后，以致一生都碌碌无为。因此，如果你想获得成功，那么，从现在起，无论遇到什么，你都要学会独立思考，别人云亦云。

何必逼自己，凡事莫强求

生活中，我们常常说，做人做事都要认真、努力，这会使得我们更加完美，会不断进步。我们鼓励认真的态度，是为了让自己的人生变得幸福和充实，然而，生活中却有一些人，他们对自己太过苛刻，无论做什么事，他们都要求自己做到百分之百，不允许犯一点小错，不允许生活有一点瑕疵，结果常常因为对自己苛求而搞得身心疲惫不堪。其实，有缺憾的人生才是真实的人生，我们固然要有追求完美的态度，但如果过分追求完美，而又达不到完美，就必然会产生浮躁心理。过分追求完美往往不但得不偿失，反而会变得毫无完美可言。

另外，现实生活中，我们也会发现，那些高高在上、看似完美的人似乎没有什么朋友，人们也不愿意与之交往，这就是因为他们用完美给自己树立了一个很大的形象，反而让人们敬而远之。

在一次盛大招待宴会上，服务生倒酒时，不慎将酒洒到坐在边上的一位宾客那光亮的秃头上。服务生吓得不知所措，在场的人也都目瞪口呆。而这位宾客却微笑着说："老弟，你以为这种治疗方法会有效吗？"宴会中的人闻声大笑，尴尬场面即刻打破了。

借助"自嘲"，这位宾客既展示了自己的大度胸怀，又维护了自我尊严。我们不免对其心生敬意。从这个故事中，我们也应该获得一个启示：拒绝完美，凡事都不要逼自己，允许自己做不到100分，你才会活得轻松。

然而，生活中就是有这样一些人，他们做事谨小慎微，总是认为事情做得不到位。他们太过专注于小事而忽视全局，这主要是因为他们性格上的原因，他们对自己要求过于严格，同时又有些墨守成规。通常情况下，因为他们过于认真、拘谨，缺少灵活性，他们比其他人活得更累，更缺乏一种随遇而安的心态。

他们总有这种表现，他们对自己和他人都要求很严格，如果一件事情没有做到自己满意的程度，那么必定是吃不好也睡不好，总觉得心里有个疙瘩，很不舒服。要知道，我们不会因为一个错误而成为不合格的人。生命是一场球赛，最好的球队也有丢分的记录，最差的球队也有辉煌的一刻。我们的目标是——尽可能让自己得到的多于失去的。

可以说，一个人对自己有高标准的要求是有益处的，它能使我们在正确的轨道上行走。然而，凡事都有度，过度就会适得其反。对自己要求太高，很容易让一个人对自己过分苛刻，也陷入极端状态，例如，当犯了一点错误时，便会悔恨不已，甚至会妄自菲薄，贬低自己；那些自控力太强的人时刻会警惕自己的行为是否得当，他们会比那些凡事淡定的人活得更累。

那么，如果你是一个苛求自己的人，该如何做到自我调整呢？

（1）不要苛求自己。你不要总是问自己，这样做到位吗？别人会怎么看呢？过分在乎别人的看法就是苛求自己，你会忽略自己的存在。

（2）要改变自己的观念。你需要明白一点，世界上没有完美的事，保持一颗平常心并知足常乐，才是完美的心境。换一种新的思路，即尝试不完美。

（3）要学会释放。当你心情压抑时，你要选择正确的方式发泄，如唱歌、听音乐、运动等，并且，你要抱着一种享受的心情发泄，这样，你很快就会感受到快乐。

（4）让一切顺其自然。不要对生活有对抗心理，过于较真的人，他们会活得很累，因此在思考问题时要学会接纳控制不了的局面，接纳自己所有的事，不要钻牛角尖。

（5）什么事情都要有个度，追求完美超过了这个度，心里就有可能系上解不开的疙瘩。我们常说的心理疾病，往往就是这样不知不觉出现的。对待自己的错误不依不饶的人，总是不想让人看到他们有任何瑕疵，给人的感觉是过分宽容，看似开朗热情，其实活得很累。

（6）失败的时候，请原谅自己。你会跟朋友说什么？想一想，如果你的好朋友经历了同样的挫折，你会怎样安慰他？你会说哪些鼓励的话？你会如何鼓励他继续追求自己的目标？

德国大文学家歌德曾说：“谁若游戏人生，他就一事无成，谁不能主宰自己，永远是一个奴隶。”就一般人而言，对自己没有高标准的要求，缺乏自控能力，一般不容易实现自己既定的人生目标，难以获得家庭的幸福和事业上的成功，其情绪容易受外来因素的干扰，使其行为与人生目标反向而行。但我们对自己太过苛刻则会带来反作用。

因此，我们每个人都要记住，再美的钻石也有瑕疵，再纯的黄金也有不足，世间的万物没有纯而又纯和完美无瑕的，人也不例外。我们每个人都不可能一尘不染，在道德上、言行上都不可能没有一点错误和不当。人总是趋于完美而永远达不到完美。因此，我们每个人不要对自己和别的人做过高的不切实际的要求，我们都是凡人一个。

别指望所有人都喜欢你

尼采说：“聪明的人只要能掌握自己，便什么也不会失去。”诗人但丁也曾说：“走自己的路，让别人去说吧。”的确，即使再完美，做得再周到，也不可能让所有人对我们满意，与其这样，我们不如坦然接受他人的不喜欢。

我们都知道，把事情做好的方法有很多，但首要的一条就是“不要试图把所有的事情都做好”；处理人际关系的准则也有很多，但最重要的一条是：“不要试图让所有人都喜欢你。”因为这不可能，也没必要。

美国前任国务卿鲍威尔这样总结自己的为人处世之道，与两千年前的孔子有异曲同工之妙：“你不可能同时得到所有人的喜欢。”世界上确实有不少人，你越是努力和他结交，努力给他帮忙，他越是不把你放在眼里。反之，如果你做出成绩了，又不狂妄自大，自然能赢得别人的敬重。

有人问孔子：“听说某人住在某地，他的邻里乡亲全都很喜欢他，你觉得这个人怎么样？”

孔子答道：“这样固然很难得，但是在我看来，如果能让所有有德操的人都喜欢他，让所有道德低下的人都讨厌他，那才是真正的君子呢。”

事实上，那些真正的成功者多半都是特立独行的，他们从不奢求让所有人都喜欢他们，在他们追求成功的道路上，他们也听到了一些他人的闲言碎语，但他们始终坚持做自己，坚持自己的信念，最终，他们成功了。因此，生活中的我们也要明白一个道理：让所有人都喜欢我们是很不成熟的想法，不必委曲求全，做好自己，你才能获得快乐。

元朝有个著名的学者，叫许衡。在他身上曾经发生过这样一个故事：

有一次，他跟着一群小朋友到荒郊野外去游玩、嬉戏。大家都玩得很开心、很疯狂，不一会儿，因为天热，这群孩子就觉得口渴了，这个时候，他们刚好看见路旁有一棵梨树，于是，大家便争相前去抢食梨子以解渴。

当大家吃得津津有味、口水直流的时候，忽然发现只有许衡安安静静地坐在树下，并没有参加抢梨大战。

有些孩子觉得奇怪，大家吃梨解渴，很是开心，为什么单单就许衡一个人不去摘梨呢？有人问他，他却淡淡地回答说：“不是自家的东西，不能随便摘。”

许衡这么说，大家都不以为然，只觉得扫兴，还纷纷回嘴说：“现在是什么时期？兵荒马乱，许多人家死的死、逃的逃，这只不过是一棵没有主人的梨树而已，为什么不能摘来吃？不吃白不吃，未免太傻了吧！”

许衡有点恼怒，立刻一本正经地回答说：“这棵梨树或许真的没有主人，可是我们的心，难道也没有个主张吗？一定要随心所欲偷吃不属于自己的东西吗？”

许衡的做法是对的，一个人，活着就必须活出自我，要有自己的主张，这样才能维持一个人的格调。一般人都只有“偏见”，而少有“主张”，尤其是自己独一无二的“主张”，所以难有吸引人的“特质”。

我们必须承认，我们要想获得成功，就需要他人的支持和喜欢，但我们还必须明白，即使你做得再完美无缺、也没有招惹任何人，仍然会有人看不惯你，仍然会有很多不利于你的传言。对某些心胸比较狭隘的人来说，你不需要招惹他，你在某方面比他优秀，就已经招惹他了。

人活于世，难免会被人评论，其中当然也有一些是语言上的伤害，如果我们能迷糊一点，视而不见，那么，对方必当会因为我们的以德报怨而心生惭愧，进而感念我们的宽容和大度，被我们的胸怀所折服。

有一天，在拥挤喧闹的百货大楼里，一位女士愤怒地对售货员说：“幸好我没有打算在你们这儿找‘礼貌’，在这儿根本找不到！”

售货员沉默了一会儿说："可不可以让我看看你的样品?"

那位女士愣了一下，笑了。售货员的幽默打破了她们之间的尴尬局面。

可见，事情弄得很紧张、很严重的时候，如果我们能大度一点，放下对方不快的言语对我们造成的伤害，便可巧妙地避免麻烦和纠纷。如果那位售货员对于争吵也采取一种较真的态度，那对于大家又有什么好处呢？无非是更加激化双方的矛盾。正因为意识到这一点，这位售货员巧妙地批评了那位女士的无礼，从而制止了进一步的争论。

其实，人生只要不存在原则上的对立，就没必要战争，没必要硝烟，没必要对抗，更没必要老死不相往来。人生需要更多的智慧，人生也必须有智慧才能解决问题。不以消灭对方或简单暴力结束彼此关系，可以给自己和冲突方最大的回旋余地，何乐而不为？例如，对待一个长舌妇，以牙还牙就失去了身份。一笑而过、沉默不语未必不是一种很好的还击方法，必将使之气滞羞愧。

其实反过来一想，无论你怎么做人做事，让所有人都喜欢是件不可能的事，想让所有人讨厌也不那么容易。你绝对不能因此而生气，更不能大动肝火，如果真这样，那么，你只能越描越黑，让他人产生很多无端的猜忌。另外，你也会因为这些空穴来风的话而大伤脑筋，其实，如果你能懂得放下的智慧，凡事不做过多的解释，那么，这便是最好的证据和回击的武器。

既然世界无法改变，我们唯有学会适应

现实生活中，有些人也许对于自己的现状并不满意，殊不知，这形形色色的现状恰如每个人截然不同的命运，并非偶然出现，而是有着一定的必然性。从心理学的角度而言，一个人的生活状态是他生活态度的折射。因而，假如我们想要改变现状，就必须从心开始，改变自己的心态，由此才能从容面对无法改变的客观世界，也做到更好地适应外部环境，使自身得到更好的成长和发展。

遗憾的是，生活中总有些人非常执拗，他们因为遭受到小小的挫折就自暴自弃，又因为有了一些成就就变得自高自大，最终不是妄自菲薄，就是自以为是，导致人生的发展渐渐偏离他们的目标，从而一事无成。其实，任何人在面对人生的困窘时，都应该随时调整自己的心态，从而更好地适应外部环境、成就自己。

其实，人的改变并不难。对于固执的人而言，也许思想的转变必须经历漫长的过程，甚至他们常常不撞南墙不回头，必

须亲自经历了，抑或撞得头破血流，才能变得更加圆滑地面对人生。相比之下，有些人则心思活泛，很容易就改变了。一个好的改变实际上并不难，只要我们发自内心地想要改变，只要我们积极主动地寻求改变，改变就并非不可能。当我们怀着一颗积极向上的心，从容地面对生活，生活自然也会给予我们丰厚的回报，甚至是让我们喜出望外的馈赠。

马拉毕业于名牌大学的新闻系，毕业后进入一家时尚杂志社工作。由于她的本专业和时尚并没有太大的联系，再加上马拉本身对于时尚就很不敏感，而且她自己也很土气，搭配的服装就土得掉渣，因而她始终显得和杂志社的氛围格格不入。

更让马拉为难的是，主编是个典型的潮人，而且很多理念都特别先进，走在时尚的前沿，因而对于下属的管理也很另类，有的时候猝不及防就开始批评下属，丝毫不顾及下属的面子。有一次，马拉因为一份稿件完成得不够好，显得刻板生硬，所以被主编当着所有下属的面狠狠地批评了一顿。这让马拉觉得羞愧不已，甚至当即就写好了辞职报告。这时，平日里与马拉比较亲近的一位女编辑说："马拉，别冲动啊，现在经济形势不好，找工作不容易，而且，主编就是这样的人，等到习惯了你就不会难受了。你可以问问，社里几乎每个编辑刚入社的时候，都曾经被他骂得狗血淋头。"听了同事的话，马拉有些想通了，暗暗想道："既然我无法改变主编，也许可以改变自己呢！其实从某个角度来看，主编的高标准、严要求也许是件好事，假如我经过努力能够完全达到他的要求，那么我一定能够获得很大的进步，也会迅速提升自己，使自己成为具有真才实学的人。”

怀着这样的想法，马拉不再因为主编的脾气暴躁而感到郁闷，相反，她严格要求自己，努力上进，不管对待什么工作都力争达到主编的要求，甚至高于主编的要求完成很多任务。如此一来，主编果然越来越器重她，随着她的飞速进步，也很少再声色俱厉地批评她了。

与其嫌弃上司过于严苛，不如从自身出发，努力提升和完善自己，这样一来，可谓一举两得。我们不但激励自己不断进步，还博得了上司的认可和赏识，如此一来，人生也就柳暗花明了。事例中的马拉正是因为端正了自己的态度和想法，才能在短时间内迅速取得进步，也达到了主编的严格要求，最终获得皆大欢喜的结局。

朋友们，很多情况下外部的环境是很难改变的，既包括客观存在的事实，也包括我们身边的人和事。与其为了这些很难改变的因素自寻烦恼却于事无补，不如让我们从现在开始就努力反省自身，提升和完善自我，这是比任何牢骚满腹和怨声载道都更加卓有成效的。

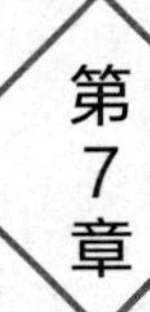

总有一些路只能在黑暗中独自前行

在坎坷的人生路口选择坚强

对于生活中的苦难，我们要学会感恩，因为它可以磨炼我们的心智，可以激发我们的斗志，可以强化我们的毅力。在这个世界，每个人都有自己的优势和劣势，抱怨者总是看到自己的劣势，感恩者却着眼于自己的优势，所以，抱怨者成为最后的失败者，而感恩者却成功地登上了山顶。那些凡是能够做出巨大成就的人，他们从来不会抱怨，不向命运妥协，相反，他们最大限度地发挥了自己的潜能与优势。其实，生活中的悲伤、抱怨只不过是调味剂，试着用一颗感恩的心去看待，把每一次的失败看作上天的考验。因为有了悲伤，我们才会变得更坚强、成熟；因为悲伤，我们的潜力才能被挖掘，从而离成功更近。

一个从小很想学习柔道的男孩在他10岁的时候因为一场车祸失去了左臂，后来，男孩拜了一位日本柔道大师为师并且开始学习柔道。刚开始他学得很不错，可是过了三个月后，师父只是教了他一招，男孩感到很糊涂。终于在一天，他忍不住问师父：“我能不能学习其他的招式？”师父对他说：“不用了，就这一招就足够了。”男孩不明白，但是他很相信师父的话，所以还是像以前一样继续练习这一招。

几个月后，男孩跟着师父去参加比赛，让人想不到的是，男孩很轻松地赢了前两轮。在第三轮的时候，虽然有点难度，但是男孩还是使出了那一招，并且进入了决赛。在决赛时，男孩的对手是一个比他更高大、更强壮的人，男孩经过一番纠缠，开始有点招架不住了。裁判因为担心男孩会受伤，就叫了暂停，并且准备终止比赛，可是师父却说，让他坚持下去！就这样比赛又一次开始了，对手慢慢对只有右臂的男孩放松了警惕。男孩还是使出了他的那招，结果又一次胜利了，终于获得了冠军。

在回去的路上，男孩终于鼓起勇气说出了心中一直以来的疑惑："师父，我就会一招，怎么仅靠这一招，我就得了冠军呢？"师父说道："只有两个原因，一是你会的那招已经是柔道中最难的一招，而你已经学会了；二是在我看来，要想对付那一招唯一的办法就是让对方抓住你的左臂。"

或许，失去了左臂对于男孩来说，那是身体的缺陷，然而，在比赛中，缺陷却成为一种优势。对此，男孩心怀感恩，感恩自己失去的那只左臂，这看似的缺陷不仅没有给他带来更多的磨难，反而成为一种优势，以优势击败对手，赢得了比赛的冠军。其实，幸运和不幸只是两种方式，它们之间并没有明确的界限，幸运既可以化为不幸，反之，不幸也可以转化为幸运。如果拥有是既定的结果，那么，失去之后也不要叹息，忘记过去，直面未来，即使没能获得成功，我们也应该感谢生活，因为它帮助我们成长。

生活中，有许多东西我们都无法改变，但我们却可以选择改变自己，增加心灵的重量，在一次次失败中吸取经验与教训，不断地成长，在人生的道路上，我们可以不成功，但不能不成长。只要不断地成长，增加自身的价值，终有一天，我们将稳稳地站立在这个世界，守护着那个属于自己的位置。

面对苦难与挫折，我们要如何做呢?

1. 感恩苦难

科学家爱因斯坦感言："我每天上百次地提醒自己，我的精神生活和物质生活都是依靠别人的劳动，我必须尽力以同样的分量来报偿我领受了的和至今还在领受着的东西。我强烈地向往简朴的生活，并且常为自己占有了同胞们过多的劳动而难以忍受。"这是一份多么感恩的话，善待生活就是善待自己，只要心怀感恩，我们依然可以善待人生中的每一次苦难。

2. 感谢挫折

温特·菲利说过："失败，是走向更高位置的开始。"有一位溜冰选手，当记者请教他是如何学会溜冰的，他却给予了这样的答案："哦，就是跌倒了爬起来，爬起来再跌倒，然后再爬起来，就学会了。"屡战屡败，屡败屡战，于是，他赢得了最后的胜利。那些没有经历过失败的人，他们永远尝不到成功的滋味，或许，人生太顺利，也是一种折磨。人生，本是由成功和失败组成的，我们需要做的是，感谢每一次挫折，然后从每一次失败中积累经验与智慧，这样，我们才会拥有足够的力量去获得成功。

流泪撒种的，必欢呼收割

一个人的成功跟他是否勤勉是有重要关系的。如果一个人是勤奋的，那么他就拥有了成功的机会；如果一个人是懒惰的，那么他就一定不会成功。他们通常认为，勤勉和成功是互相制约的，经常会有很多人因为自己的勤勉而成功，但却很少有人因为懒惰而成功。虽然你的勤劳并不一定会给你带来成功，但是无论如何，每个人都要辛勤工作，因为这是成功的最基本条件。远古的时候，人类为了生火，就要花很长的时间去摩擦木头或者石头；要吃果实，就要爬到很高的树上去摘。如果能够成功地生起一堆火，成功地摘得果实，那么背后一定是辛苦的付出。

一天，皇帝看见一个老人正在种植一株无花果树。于是，他问道：“你希望享用到自己种的果实吗？”

老人回答："我当然希望，但是如果我吃不到了，我的孩子们也能吃到，或者上帝就会原谅我，让我吃到。"

"如果你得到了上帝的原谅，那么请你在吃这果实的时候，告诉我。"皇帝对他说道。

后来，无花果树终于在老人的有生之年结果了，老人装了满满的一袋，带到皇帝面前说道："皇帝陛下，我就是你见过的那个种无花果树的人，现在无花果成熟了，我篮子里的就是结出来的果实。"

皇帝听后，让老人坐在自己的金椅子上，并且在篮子里装满了黄金。可是，皇帝身边的仆人则反对道："您给这个老犹太人的荣誉是不是太多了点？"

皇帝则说："上帝都能给勤劳的人荣誉，难道我就不能做同样的事情吗？"

皇帝说得很对，上帝和人们通常都是把奖赏给那些勤勉的人。因为老人的勤劳，所以他得到了上帝的特赦，在自己的有生之年吃到了无花果。在犹太人看来，懒惰将会使一个人一事无成，所以他们选择了勤勉，只有勤勉的人才会尝到胜利的果实。

犹太大亨洛克菲勒是一个对工作非常勤奋的人，他勤奋到什么程度呢？一天24小时中，他基本上十五六个小时都是在工作。而且有时甚至达到十八九个小时，有人曾经给他算过，他的一生平均每周都要工作76小时，经常别人都下班了，他还在工作，他认为，如果一个人不想有什么成就，那么只要工作8小时就足够了，但是当你想做成功某件事情的时候，那么24小时都不够。在别人的眼里，他总是在不停地忙碌着，于是，凡是认识他的人都说，洛克菲勒除了睡觉和吃饭，其他时间都是在工作。正是因为这位世界级的大富翁这样紧张而勤奋的工作，所以他才取得了举世瞩目的成就。

洛克菲勒之所以能够获得成功，就在于他始终如一地保持勤勉的态度。他的勤勉已经成为顽强的奋斗，在他的眼里，一天24小时都已经不够用了，他希望能在一天内工作更长的时间。巴菲特一直把洛克菲勒当作自己勤勉工作的偶像，他认为只有勤勉的人才能够尝到胜利的果实，只有勤勉的人才能够得到命运的眷顾。所以，不管是洛克菲勒还是巴菲特，他们用自己的实际行动证明了这样一个道理，如果你是一个做事勤勉的人，那么成功就已经离你不远了。

《羊皮卷》这样劝告世人："最难受的工作是无所事事，最愉快的工作是人们忙于工作。"巴菲特崇尚工作，他十分讨厌整天无所事事，到处游走，那是他觉得很难受的事情，整天勤勉甚至紧张地工作才是他所喜欢的。巴菲特成功的秘诀之一就是努力培养自己勤勉的习惯，因为那是成功的关键，而正是这种"成事在于勤，谋事须忌堕"的精神成就了巴菲特的成功。

对于勤勉，我们要有如下认识。

1. 勤勉是成功之本

巴菲特在孩子们小时候就开始培养他们勤勉的习惯，这有利于孩子们更早地意识到勤勉的作用。他们会明白，如果你很懒惰，那么就什么也得不到；如果你是个勤奋的人，就能够得到奖赏。因为从小树立起来的观念，会让他们在成长的路途中，更懂得怎样认真地去做每一件事。

2. 成事在勤，谋事忌惰

韩愈曾说：“业精于勤荒于嬉，行成于思毁于随。”一个人要想成就一番事业，一定要守住“勤”字，忌掉“惰”字。面对你的生活或者事业，你用什么样的态度来付出，就会得到相应的回报。如果你以勤付出，回报你的，也必将是丰厚的硕果。相反，那些懒惰的人，生活是不会赐予他任何东西的。懒惰的人是思想上的巨人、行动上的矮子。如果你懒惰地面对你的人生，那么其实就是把自己的生命一点点送入虚无。一个成功的人，是不会让懒惰有任何机会的。

当你陷入痛苦的泥沼，最好的办法就是自我拥抱

我们常常想着拥抱他人，却很少想到自己也需要拥抱。那么，如果没有他人给予你宽容有爱的拥抱，不如自己拥抱自己

吧！尤其是当被痛苦纠缠时，一味地自我放逐只会让我们更加无法自拔，唯有自我拥抱，才能帮助我们走出生命的泥沼，重新站立起来。

在不同的情境下，人们往往拥有很多种状态。例如，人在躲避危险的时候，或者选择直接面对，或者选择像鸵鸟一样藏起来。再如，人在高兴的时候，或者肆无忌惮地狂笑不止，或者抿着嘴巴暗暗窃喜。这些，都是众生百态，也是人生常态。那么，当你面对痛苦时，会采取怎样的姿态呢？很多人选择独自躲藏，舔舐痛苦。很多人选择倾诉，和遇到的每一个人倾诉，恨不得把痛苦像苦水一样倒出去。然而，独自一个人默默承受痛苦，会使痛苦加倍。逢人就诉说的倾诉方式，最终会让你像祥林嫂一样，让大家都对你避之不及。其实，要想缓解痛苦，除了倾诉之外，还有一个很好的方式，就是自我拥抱。

很多情况下，过于激烈的情绪会让我们失去知觉，即不自觉地陷入麻木的状态。因而面对痛苦，最好的办法就是同情自我、拥抱自我。只有自己才是最了解自己的人，你当然知道怎样的抚慰才能帮助你摆脱痛苦的纠缠。适当的自我觉醒，能够帮助我们恢复清醒和理智，也使我们更加客观地审视自身的痛苦。与其强烈地对抗痛苦，不如坦然地接受痛苦，不抗拒，不逃避，坦然顺从地接受。这的确很难，但是我们必须这样做。当你敞开怀抱拥抱自己和自己的痛苦，你就获得了内心的安宁。痛苦有什么可怕的呢？人生的一切体验，都是生命的馈赠。如果无喜也无悲，如同行尸走肉般地活着，人生还有什么意义呢？想清楚这一点，即使你无法做到对痛苦甘之如饴，也能更加从容淡定。如果在刚开始的时候做不到心静如水，不如多多采取静坐冥想的方式。其实，人生的很多悲喜苦乐都是一念间的事情，当你学会放下，情绪自然不会那么激动。

在皮皮刚刚去世的那段时间，喵喵简直痛不欲生。挚爱的人突然离世，想必没有人能够坦然面对吧。看着家里曾经一起吃饭的餐桌、一起挂在墙上的壁画、一起买回家里的沙发，总而言之，任何东西都让喵喵睹物思情，心痛得恨不得死去。她告诉自己不要再去想，告诉自己开始学会一个人生活，然而似乎全身的每一个神经和细胞都在对她发出抗议，与她对抗。在经历了无数个不眠之夜后，喵喵才渐渐恢复平静。

如今的她，当然没有忘记挚爱的丈夫。不过，她不再对抗痛苦，而是学着拥抱自己。夜晚难以入眠的时刻，她穿着丈夫的衣服坐在他们一起买来的沙发里，感受着丈夫点点滴滴的温暖。吃饭的时候，她依然会做丈夫最喜欢吃的菜，代替丈夫品尝和享用。她不想再违背自己的心意，强迫自己忘记丈夫，而是学会顺从自己的心意，发自内心地拥抱自己，也拥抱痛苦。渐渐地，她学会与痛苦共生，甚至习惯了痛苦的存在。如此一段时间之后，喵喵从痛苦中彻底走了出来，再次积极阳光地面对生活。

对待痛苦，你越是与其对抗，痛苦就越是刻骨铭心。只有努力地包容痛苦、拥抱自己，你才能学会习惯痛苦，最终淡忘痛苦。人在一生之中，总是要面对各种各样痛苦的时刻。唯有学会与痛苦共生，包容和接纳痛苦，你对待痛苦的心才不会那么敏感，你也才能感受到生命真正的乐趣。

脚下的泥泞，终将为你的人生带来花开满径

人与人之间，天生就存在差距。有些人很强，有些人则很弱。然而，反过来看，未必所有的强者都是天生的。弱者只要假以时日，也有可能变得越来越强。而且，因为经受了很多的磨难，弱者一旦变强，也许会超越天生的强者。这个道理，其实显而易见。很多人都养育过新生的婴儿，那么他们会发现，在出生一段时间以后，有些孩子一侧的脸颊会显得比另一侧更大一些。这也就是民间所说的“大小脸”。通常，之所以出现这种现象，就是因为婴儿在睡觉的时候，导致脸颊受到挤压。话说到这里，肯定有些朋友会迫不及待地说：“小的那一侧，肯定是被压的。”实际上，这句话大错特错了。并非比较小的脸颊是因为挤压导致的，而是偏大的脸颊受到了挤压。为什

么被挤压的反而大呢？不应该是小才对吗？常言道，哪里有压迫，哪里就有反抗。这句话不仅适用于人与人之间，也同样适用于婴儿的脸颊。因为婴儿的发育尚未完全，所以脸颊在压力的作用下表现出明显的差异。现实情况是，即使是对于成人而言，如果他们固定一侧的脸颊长时间被挤压，也会发生轻微的变形。从此不难看出，压力实则是人生的养分。

在这个城市，有很多家羊绒店，专门为人们量体裁衣，制作羊绒衫。在湿湿的南方城市，温度没有那么低，不过因为潮湿阴冷，必须穿保暖的衣服。但是南方人都很爱美，不愿意穿臃肿的羽绒服，因此羊绒衫是很不错的选择——轻薄保暖。

让人感到很奇怪的是，这一条街上有十几家羊绒衫制衣店，但是唯独马爷爷的生意最好。这是为什么呢？羊绒衫的样子其实都差不多，除了基础款，就是各种各样的花色。马爷爷的手艺当然更好一些，不过也不至于独占这条街的半壁江山啊！毕竟，马爷爷因为年纪大了，很多花色都不够时尚。然而，这丝毫不影响人们照顾马爷爷生意的热情。

寒假里，马爷爷的孙子来和马爷爷做伴。看到马爷爷每天顾客盈门，孙子纳闷地说："爷爷，咱们家的生意为什么这么好呢？他们怎么不去别家定做羊绒衫呢？"马爷爷笑着对孙子说："下个星期我去进货，你很快就会知道原因了。"

好不容易等到一周之后，孙子心急如焚，跟着马爷爷一起踏上了北下的火车。经过十几个小时的行驶，他们来到了茫茫的大草原。但是马爷爷并没有停下来，而是继续北下，一直到最严寒的地区。下车之后，马爷爷问孙子："什么感觉？"孙子把自己整个儿包裹在厚实的羽绒服中，还把帽檐压低，依然冻得瑟瑟发抖。他哆哆嗦嗦地说："冷！真冷！太冷了！"马爷爷笑了，说："这下你知道咱们家生意好的原因了吧？！"孙子不明所以，瞪着迷茫的眼睛看着马爷爷。马爷爷继续说："很多人进购羊绒，选择刚刚进入东北地区的羊。我呢，每次都比别人多走很多路，只为了来到这东北最寒冷的地方。这里因为寒风刺骨、大雪纷飞，因而所有的羊都长着更加厚实的毛，羊绒也因为保暖的本能，变得更加细密。这样的羊绒编织出来的羊绒衫，怎能不暖和呢？"在马爷爷的一番解释之下，孙子恍然大悟："我明白了，这与山顶上风大的地方树木更加粗壮，是相同的道理。"马爷爷欣慰地摸摸孙子的头。

寒冷的地方，羊绒更加细密柔软；风大的地方，树木更加粗壮；沙漠地区，植物为了生存根系更加庞大和深入泥土……这些，都是生命力顽强的体现。那么，人呢？经历过更多坎坷和挫折的人，不应该是萎靡不振的，而应该更加充满希望、生机勃勃。也许，我们会因为此时此刻脚下的泥泞感到悲伤，但是在未来的某一天，你一定会因为自己的健步如飞高兴不已。

命运对待每个人都是公平的，它在为一个人关上一扇门的同时，一定会给他打开一扇窗。我们所要做的，就是不要因为错过太阳而哭泣，否则一定会错过群星。人生之中，无时无刻不充满了机会，唯有坚强乐观的人才能时刻做好准备，抓住这些千载难逢的好机会。坦然接受命运的磨难吧，你终有一天会拥有花开满径的人生之路。

良好的心态，才能帮助我们苦中作乐

很多人喜欢喝茶，喜欢品尝茶淡淡的苦味和清香。其实，人生也和茶一样，或者如同清香的绿茶，或者如同浓郁的普洱茶，或者如同温暖的红茶。只有细细品味，才会发现人生的基调就是苦涩，淡淡的苦涩、浓郁的苦涩、深沉的苦涩……每个人喝茶，都有不同的体味和感受，每个人喝茶，也都有自身的深刻体验。对于人生，同样如此，有人觉得苦涩是人生的基调，有人觉得人生是酸涩的，但是也有人从人生之中品味到甘甜。的确，人生的确是苦涩的，正如佛家所说的，人生有七苦：生、老、病、死、憎相会、爱别离、求不得。这也就注定了在每一个生命的阶段中，我们都会感受到痛苦，但是这并不影响生命也同样伴随着快乐。

我们是人，不是神仙，每个人在面对人生的困难时，都无法做到豁达从容，所以困难是难免的。对于苦难，我们应该保持良好的心态，意识到苦难不可避免，也意识到人生必然要历经磨难才能成长。我们不是圣人，无须要求自己坦然从容、波澜不惊。人都有七情六欲，我们应该像接受喜悦一样，接受苦涩的生活本相。当我们发自内心地接受和悦纳生活，我们的人生也就注定能够变得更加从容。

每个人都应该有良好的心态，坦然接受人生的风雨。良好的心态，既包括面对人生的积极乐观，也包括面对人生苦难时的从容和镇定。正如人们常说的，人生不如意十之八九，任何时候，我们唯有积极乐观，才能超越人生的坎坷困境，让我们的人生得到更加美好的未来。

大学毕业后，小南和好朋友亚飞一起应聘进入一家公司工作。刚刚进入公司第一天，领导就找亚飞和小南谈话，告诉她们：“原本公司里有两个合适你们的职位，不过因为临时调整，现在只缺少一名前台人员，还缺少一名清扫厕所的清洁工。我们初步安排小南在前台工作，亚飞暂时委屈一下，先干一段时间的清洁工作，等到有合适的职位，马上调整。”对此，亚飞表示很难接受，她当即表态：“如果一定要让我当清洁工，我还是选择辞职吧。我相信自己会找到更合适的工作。”尽管领导再三解释很快就会调整，亚飞却说自己一天都不会打扫卫生。看到亚飞坚决的样子，小南不愿意眼睁睁地看着亚飞失去工作，因而主动对领导说："领导，让亚飞去前台吧，我愿意当厕所清洁员。反正很快就会安排新的岗位，我没关系的，我能坚持。"

就这样，亚飞去了前台工作，小南承担起清扫厕所的工作。小南对清洁厕所的工作毫不懈怠，而是每天都非常辛苦、认真负责地做好本职工作。每一位来到酒店入住的客人，都对干净整洁的厕所非常满意，也对小南热情周到的服务感到宾至如归。渐渐地，越来越多的客人特意在酒店留言簿上点名表扬小南。最终，领导也知道了小南的表现，不由得对小南刮目相看。归根结底，对于娇生惯养的大学生而言，如果能够不怕脏、不怕累、不怕苦地把厕所打扫得让所有客人都满意，那么就凭着这严肃认真、一丝不苟的工作态度，还有什么是做不到的呢？思来想去，领导把小南安排到行政部门工作。

对于亚飞而言的辛苦，到了小南这里，却成为展示自己的良好舞台，这都是因为小南有着苦中作乐的心态，所以才能以积极乐观的态度面对生活，也才能让自己的辛勤付出最终被领导看在眼里，得到领导的赏识。

从本质上来说，苦是一种心态。假如你认为生活很苦，那么你就会处处找到验证，证明生活真的很苦。但是恰恰相反，假如你认为生活的本质还是幸福快乐的，苦只是一种调味剂，瑕不掩瑜，那么你也就会意识到，一切的苦只是为了衬托生活的甜。只要保持积极乐观的心态，我们也就能够赶走生活的苦难，从而让人生变得更加幸福快乐。正如一位名人所说的，这个世界上并不缺少美，只是缺少发现美的眼睛。同样的，这个世界上也并不缺少快乐，只是缺少发现快乐的眼睛。当我们摆正心态，能够苦中作乐，我们的人生也就会变得更加甜蜜，少些苦涩。

那么，面对人生的苦难，我们如何苦中作乐呢？

（1）不管什么时候，我们都要肯定自己，拥有自信。唯有如此，我们才能找到人生的快乐，也才能实现自己的价值。

（2）当生活过于苦涩，我们不如多多寻找快乐，从而帮助自己放松和愉悦心情，让自己怀着积极乐观的心态，更加勇往直前。

（3）当生活的现实过于残酷，我们要做的就是学会冥想，从而在精神上安慰自己，让自己变得更加从容坦荡，积极面对生活。要记住，痛苦只是暂时的，生活总会苦尽甘来。

有梦想的人，总要熬过人生中最晦暗的时刻

人生在世，几乎每个人对于人生都有自己的梦想和渴望，也对未来怀着憧憬。然而，有梦想的人生，未必是一帆风顺的

人生，甚至大多数已经实现了人生梦想的成功者，无一不是在人生路上不断奋斗和努力，最终超越人生困境，迈过人生坎坷的。他们很清楚，有梦想只是起航人生的第一步，随之而来的是必须把梦想变成现实，勇敢地迈出实现梦想的第一步，这样的人生才能不再晦暗，未来也才充满光明和希望。

也许有些朋友会说，既然人生有了梦想也未必能够实现，那么不如不要梦想，就这样朝前努力生活。其实不然。虽然很多人都无法真正实现人生的梦想，但是梦想却是人生的引航灯。就如同船只在海上航行一样，必须有目的地才能坚持正确的航向，一往无前，人生也是如此。没有梦想的人生，就像船只在海面上失去方向，很容易变得迷茫，甚至最终不知所终。所以正如马云所说的，梦想还是要有的，万一实现了呢！此外，梦想还能够激励我们充满力量，斗志昂扬。在人生的路上，很多人都会遭遇人生的困境，甚至陷入绝境，如果没有梦想和希望作为指引，那么很容易彻底绝望，导致人生止步不前。

日常生活中，我们总是羡慕成功者，仰望他们身上的光环。殊不知，所有的成功者，都是在经历成功之前的晦暗时刻，艰难地熬过来，才能获得成功的。他们心中始终揣着梦想和理想，因而哪怕经历再多的艰难坎坷，也能够一往无前，决不退缩和放弃。

如今，很多人都热衷于穿着以斯克劳斯与戴维斯为品牌的牛仔服装。但是，却很少有人知道这个品牌的创始人——斯克劳斯的故事。不得不说，斯克劳斯创立牛仔服品牌的过程充满传奇性，也是跌宕起伏的。

斯克劳斯的妈妈是个裁缝，从小因为受到妈妈的影响，斯克劳斯也很喜欢时装。然而因为家境贫寒，他并没有很多布料可以多多练习裁剪，只能用妈妈给人做衣服剩下的废弃布料，做形形色色的小衣服。一个偶然的机会，斯克劳斯得到了一块旧的帆布。对他而言，这么大的一块布是很珍贵的，因而他用这块帆布给自己做了一套衣服穿在身上。那个年代，根本没有人用这样的粗硬布料做衣服，因而看到的人都对斯克劳斯指指点点，还说他是疯子！后来，妈妈看到斯克劳斯真的很喜欢时装，建议他拜当时大名鼎鼎的时装大师戴维斯为师，从而更好地学习。当年，年仅18岁的斯克劳斯带着自己亲手设计和制作的粗布衣服来到戴维斯的公司。虽然除了戴维斯，公司里根本没有人对斯克劳斯的服装作品感兴趣，但是斯克劳斯得以留下来。

起初，戴维斯很支持斯克劳斯，并且鼓励他设计粗布衣服。但是，因为当时的人并不喜欢穿这种粗布衣服，导致大量服装积压在库房里，最终戴维斯对斯克劳斯也产生了怀疑。但是，斯克劳斯从未放弃自己的梦想，他坚信终有一日人们会喜欢上这种粗布衣服，所以他一直坚持设计和改良粗布服装。后来，斯克劳斯尝试着把这种耐磨的衣服运到非洲给劳工们穿，因为价格低廉、结实耐穿，这些衣服居然全部卖光，从此他渐渐打开了粗布衣服的销售局面。

经过用心设计，斯克劳斯还把粗布衣服制作成适合旅行者穿的款式，居然受到旅行爱好者的追捧。他们发现，这样的衣服穿在身上别有风味，而且因为布料粗糙耐磨，所以更多的人开始接受和喜欢粗布衣服，最终这种由斯克劳斯设计的粗布衣服被称为牛仔服，风靡全球。

假如不是因为斯克劳斯坚持自己的梦想，不断设计、创新和改良自己制作的粗布衣服，而且绞尽脑汁地打开销路，使粗布衣服得到越来越多人的认可和喜爱，那么世界上也许迄今为止还没有牛仔服的出现呢！如今，很多户外旅行爱好者，包括很多爱美的女孩，都非常推崇牛仔服。这就是坚持梦想的力量。朋友们，每个人在实现梦想的路上，都会遭遇坎坷挫折，也会遇到很多的艰难时刻。我们唯有始终坚持梦想，绝不放弃，才能最终熬过成功前的艰难时刻，从而成功创造自己的人生，实现自己的梦想。

在如今这个时代，人人都有梦想，人人都无愧于梦想家的称号。在遍地绽放的梦想中，我们最重要的就是脚踏实地地坚持自己的梦想，从而做到坚持不懈、百折不挠，也才能真正地成就梦想，创造属于我们的未来。让梦想照亮我们前行的路，让人生因为梦想而绚烂吧！

第8章

感谢离你而去的，珍惜近在眼前的

与自己相处，没有回头路

南唐后主李煜在《乌夜啼》中写过这样一句诗：“人生长恨水长东。”其实，人生何尝不是如此呢？自打我们来到人世的第一刻起，我们就像川流不息的溪水一样往前走、从不停歇。岁月匆匆，人生漫漫，时光的逝去，让我们不知不觉从童年到青年、中年，再到老年，我们可以控制很多人和事，但却抵挡不住岁月的流逝，曾经的梦想、意气风发，都会在漫漫人生路途中消磨殆尽，随着时间一去不复返。

在幼年，我们学会了语言；在少年，我们懂得了教养；在青年，我们明白了是非；在壮年，我们体会了恩怨；在老年，我们参透了生活。当你蓦然回首那些岁月时，发现无论是辉煌还是凄凉，也不管是成功还是失败，没有谁能让时间的车轮倒转，更没有谁能让火热的青春重现。时光已在岁月中逝去，一切都难以再挽回。当人生走到生命尽头的时候，就会感慨人生留下了太多的遗憾！

生命对于每个人只有一次，这是一条不归路，人生没有回头路，绝没有第二次选择的机会。我们没有办法去给自己做假设，也永远不知道未来会发生什么，所能做的就是一步步向前走去。人生一旦选择了一条自己喜欢的路就没有理由不走下去，也没有什么可以后悔的。要知道自己所走的路，一定会走得很艰辛，不要去奢望什么，更不要逼迫自己。

因此，生活中的人们，无论你经历过什么，或者正在经历什么，都请记住，一切都会过去。把一切交给时间，不念过往，不畏将来，是善待自己的表现。曾经有这样一个故事：

伟大的所罗门王曾经做过一个梦，梦中的智者告诉他一句至理名言，记住这句话，可以让人在得意时不骄傲、失意时不痛苦。但是所罗门王醒来时却忘了这句话是什么，所以他召集了王国里最有智慧的长者，并且给了他们一枚戒指，告诉他们，如果想出这句梦中的话，就把它刻在这枚戒指上。几天后，戒指被送还给所罗门王，上面刻着："一切都会过去！"

是的，一切都会过去的，无论发生什么，它即将成为过去，未来将会来临。当你感到情绪低落时请以这句话自勉。事实上，任何痛苦和逆境都是有意义的，你现在所受的痛，不是毫无意义的。人生不如意，十之八九。人这一辈子会碰上许许多多的痛苦，这是我们无法避免的。痛苦可以让人颓废，也可以激发人的斗志。痛苦磨炼了人的意志，让人们不会轻易被困难打倒。

人生有高潮就有低谷，人生如同一场游戏，没有一个定数，所以又何必处处计较？不如保持信心与期待，胜不骄，败不馁，在这个美丽的人间留下自己坚实的足迹。你以为在你面前的是很难翻过的门槛，其实当事情过去以后，你会发现，这在你人生的路上是多么不显眼的一件事情，根本无须惊怕，所以，你应该重新扬起自信的风帆，鼓起劲儿摇桨，向成功的彼岸进发。

人生路上风光旖旎、五彩缤纷，人生的改变也许就在那瞬间，要把握好每一个可能的机遇，这样，人生才会少一些遗憾！也许人生就是这样的不完美，这是一种遗憾，但也是一种公正。人生没有回头路，正因为不可以重来，生活才有滋有味，人生才多姿多彩；正因为不可以重来，我们才学会珍惜现在，才懂得开拓未来。

人生没有回头路，只能在叹息和惋惜中回味曾经的拥有，人生有许多珍贵的东西，是值得我们一生回忆的；但更多的是让我们明白了很多的道理。既然改变不了生命的长度，那么我们就努力地去拓展生命的宽度吧。我们如果已经错过了春花夏雨，那就绝对不能再错过秋月冬雪。我们在生活中行走，在行走中学会了好好地生活，人生之路是直路也好，是弯路也罢，都要走好每一步，人生没有回头路可走。因此，我们还要记住一点，把握好今天，充实好自己，才能更好地迎接明天。

一只猴子被暴风雨淋得晕头转向，浑身发抖，无处可躲。于是，它决定明天一定造一个漂亮舒适的房子。可是，第二天雨过天晴，猴子却伸了伸懒腰："等明天再造房子吧。"于是又尽情地玩去了。时间一天一天地过去，猴子却一直没有把房子造好，只是暴风雨又来临之时，它才后悔不迭。

"明日复明日，明日何其多"，我们绝不能像那只贪玩的猴子那样，总把希望寄托给明天。抓紧时间，做今天的事，才是最实在的，才能解决当下的问题，找到出路。

人生百味，百味人生。我们的一生中，经历了无数的人和事，有欢乐，有痛苦；有顺境，也有逆途；有经验，更有教训。一个迷茫的梦，一段遗憾人生！就这样我们行走在生活中，走过了一个又一个昨天。人生只有三天，昨天已成过去，无法重新上演；明天属于将来，无法给自己预先写好剧本等待自己的演绎；只有今天才是应该珍惜的。现实的世界令人应接不暇，沉浸往事只能倾斜心灵的天平，寻觅过去只能拾回尘封的梦幻。

只有把失落、遗憾和悔恨埋进昨天，我们才能真正拥有一个崭新的今天；只有把勤奋、拼搏和执着播满今天，我们才能真正拥有一个灿烂的明天。才能看到人生壮丽的风景，才能享受生活丰富的内涵。人生只有在向彼岸不断进取的征途中，才能焕发出绚丽迷人的光彩……

谢谢你离开我

生活中无不存在着得与失、进与退、坚持与放弃、去与留、成功与失败，面临着一个个主动或被动，有意或无意的选择、巧合和错过。有得必有失，有失也会有得。有时候，得到的未必是不好的，或者说不是最适合你的，也未必长久；失去的也未必是好的，是你最想要的，也未必昙花一现。爱情正是如此。

张小娴曾说过这样一句话："谢谢你离开我"，这句话是要告诉所有处在失恋痛苦中的人，爱情让人成长，失去的是一段感情，但你获得的，是人生的一次体验和成长。感谢那个离开你的人，是他们让我们变得更好。

我们不妨先来看下面一段爱情故事：

我认识我老公的时候，他当时正失恋。随后，他开始追我，那阵子我身体很不好，住在医院，他便天天去看我。但家里以及所有的朋友都反对我嫁他，其中一个朋友对我说，穷男人不能嫁，花心男人更不能嫁，如果又穷又花心，那就是火坑。他们告诉我他在我之前至少跟5个女人同居过。我没有介意，因为他并没有瞒我。结婚一个月后我怀孕了，到那时我才知道，他为了娶我，欠了很多债。我跟他商量，以后他的工资做日常开销，我的存起来，以备不时之需。他同意了。但因为我的工资比他高出很多，结果每个月发薪水那天，他都会发脾气。再后来女儿落地，他却在那个时候辞了职，说是要做生意。我把我全部的积蓄都给了他。

不幸的是，他根本不是做生意的料，钱全部赔掉了。孩子出生后三个月，我就开始上班了，因为家里实在没钱了。就在那个时候，我发现他有了外遇。他对我坦白，说他过去的那个女朋友来找他了。我当时就哭了，但他向我保证，以后不会再做对不起我的事情。但不久，我就撞到他们在一起，那一次，他竟然当着她的面对我说离婚。那件事情对我打击很大，我病了很长时间。大概两个月后，他来找我，诅咒发誓甚至跪在我面前求我，我相信了他。但不料，我又发现了他和那个女人的暧昧短信。最近我发现自己又怀孕了，我说等我把孩子流掉之后，咱们分开吧，他说不要老说这些话，我跟她没有可能的，你永远是我的老婆，他说想要这个孩子，但是被他伤了这么多次之后，真的很难再去相信他，我到底应该怎么办？

可能当我们听完这个故事之后，一定会说，这样的男人还有什么好留恋的？换句话说，如果这样的事情发生在她的朋友身上，估计她自己都会坚定地说："离婚！"但有时候，面对情感，人们就是这样执着，也会你会认为，哪有那么容易做到？但你要记住，苦难是强者的垫脚石，是弱者的深渊。有很多女人，是把坏男人当作"垫脚石"的，她们经历了不幸，把不幸变成了人生的财富。

有时候，失恋也未必不是好事。也许，那段你以为刻骨铭心的恋情，其实并不是你真正需要的爱情。有道是：强扭的瓜不甜。爱是两个人的事，不能一厢情愿。爱与被爱，彼此欣赏，相敬如宾，忠贞不渝，互悦互助互动，才是爱的真谛和最高要义与外在形式。同时，真正地爱一个人，也会尊重对方的选择，处处为对方考虑，即使不能在一起，依然心中有爱，不会也不可能将爱变成一种伤害，化爱为恨。那种所谓爱不成，则因爱之深、恨之切，从而报复、毁灭他人或自己的做法，是不懂爱、误解爱、曲解爱的无稽之谈，是狭隘的占有心理。既不可取、不可爱、不理智，也玷污了爱的神圣和原意。

为此，我们必须正确认识失恋，情绪稳定以后，要对失恋有一个正确的认识。

恋爱与失恋都只是一种选择的结果，他没有选择你，并不是表明你一无是处，而是彼此不合适而已。

你从失恋中获得的，是其他任何经历都不能给予的财富，在这个过程中，可能你会体会到一种难以遏制的痛苦、一种心灵的冲击，但正是因为这样，你更应该把它当成一笔人生的财富，它使你有了更多的人生体验，使你在失恋中变得更加成熟。

失恋是另一场爱情的开始，你要明白，失恋可能对于你来说是一次挫折，但却给彼此另一次恋爱的机会。

其实，爱情本身是一种美。然而，有恋爱就有失恋。失恋这种痛苦的情感体验，会给人们造成不同程度的心理创伤，往往会使人处于强烈的焦虑、自卑、悲伤甚至绝望的消极情绪中，也会使一些人自暴自弃，甚至产生不信任、猜忌、报复等不良心理障碍。从这个角度讲，失恋可以称为人生中最严重的心理挫折之一。然而，失恋也是个人成长的一部分，如果能正确对待，它就会成为生命中的一种蜕变和提升！因此，任何一个人，都必须以达观的心态面对爱情，要学会坦然面对爱情带来的悲欢离合，走出失恋的阴影，经历成长，继续在美好的人生路上轻舞飞扬。

怀念过去但不要逃避现实

感性的人总喜欢在记忆里寻找对生活更美好的感悟，他们充满诗人的气质和文人的儒雅，让人更加怜爱，他们总喜欢沉浸在过去的状态中，不愿将头伸向现实的一方，接受最真实的考验。

心理学家说，人之所以喜欢怀念过去的生活，是因为在回忆的过程中，得到了在现实生活中无法感受到的慰藉，或者是在过去的状态中，可以减轻对现实生活的挫折感和恐惧感，因而他们也就愈加沉浸在这种感觉里。有一些人，他们对过去失败的事情不能释怀，在反复思考中给自己找寻借口，以此掩饰过错，或掩盖自己的无能。久而久之，他们习惯了这种思考模式，以至于在现实生活里，找不到真正的自我，不能摆正心态。

这是一个阳光明媚的午后，在纽约的一家中国餐厅里，丽莉在等一个朋友。这时的她沮丧而消沉，由于她在工作中出现了失误，因此没有完成一项非常重要的项目。即使现在在等一位最好的朋友，她也难以像平常一样感到快乐。

过了一会儿，她的朋友终于来了，她是一名心理医生，她的诊所就在附近，当时她刚刚和最后一名病人谈完了话。

“怎么了，丽莉？”朋友直接问道，“什么事让你这么不开心？”对她这种洞察别人心事的本领，丽莉早就不意外了，所以她也直截了当地说出了自己烦恼的事情。听完后，朋友说：“来吧，到我的诊所去，我们来做个小实验。”

到了诊所后，朋友从一个硬纸盒里拿出一卷录音带塞进录音机里，她说：“在这卷录音带上，一共有三个来我这的病人所说的话。你不用知道他们的名字，我要你仔细听他们的话，看看你能不能挑出支配这三个案例的共同因素。我可以提醒你，只有四个字。”

第一个是男人的声音，他说他刚遭受了生意上的损失。第二个是女人的声音，说她因为照顾寡母的责任太重，而一直没能结婚，她心酸地诉说她错过了很多结婚的大好机会。第三个是一位母亲，因为她十几岁的儿子和警察起了冲突，为此她一直在责备自己。丽莉听起来，这三个声音的共同特点就是不快乐。而且丽莉注意到，他们一共6次用到相同的四个字“如果，只要”。

她将这一发现告诉医生，朋友微笑了：“你一定感到很惊奇吧。你知道吗？我每天都会听到很多次用这四个字开头的内疚的话。很多时候，他们都在不停地说，直到我让他们停下来。我对他们说，只要你们不再说‘如果只要’，也许你们就能把问题解决掉。”

看丽莉好像还是不太明白，朋友进一步解释道：“如果只要这四个字的问题，在于这四个字不能改变既成的事实，只能使我们朝着错误的方向走去。你依然沉浸在所犯的错误中，怀念过去更多美好的事物，并没有从这些错误中学到什么，而是一遍一遍地重复过去的错误，甚至还以此为乐。最后，如果你已经习惯用这四个字，它们就会成为你不再努力的借口。”

在朋友的不断开导下，丽莉终于意识到，自己还沉浸在过去失败的阴影中，而没有用积极上进的态度去改变现在的处境，这是一种“怀旧症”的体现。人适当怀旧是正常的，也是必要的。但是一味地沉湎于过去而否认现在和将来，就会陷入病态。

心理学家分析说，人总是容易怀念过去、享受安逸、逃避问题，特别是在他们面对困难的时候，内心的天平会极力向退缩这一方向倾斜，在反复地回首往事的过程中，不自觉地把自己蜷缩起来，期待有个人能在某个时候给自己以勇气，给生活带来改变，而更多的时候，这却只是一种奢望。艾森豪威尔说：回顾一天的时候，感觉不到任何的快乐、满足或者幸福的话，那么这一天绝对是失败的一天。因此，你如果不想成为一个失败者，就要在生活的苦难面前挺起自己的胸膛，做一个让人钦佩的人。

快乐的人应该拥有活在今天的心态，拥有明天会更好的希冀。特别是在苦难面前，这种想法会愈加强烈。人活着不要总是对现状不满意，更不要因此沉溺于对过去的追忆中。当你不厌其烦地重复述说往事时，你可能已经忽略了今天正在经历的体验。记住，今天才是世界上最真实、最重要的一天，是你能够拥有美好的明天的基础。逃避苦难，逃避今天，你的明天依旧会被苦难所包围。

人要有直面现实的心态。美好的东西总是让人留恋，失败的事情同样让人悔恨，过去的东西，要在心里给它找一个合适的栖息地。过去的时光是美好的，那已经远去，我们还有更加美好的明天；过去的时光是苦涩的，我们要踩着这些令我们痛苦、消沉、抑郁的东西大步向前。

失去，让你更懂得珍惜

每个人都希望握紧自己掌握的东西，再尽可能地把握机会，让自己拥有更多。这是人本能的贪婪，无可厚非。然而，在人生之中，我们在不断获取的同时，面对的是失去。几乎每时每刻，我们都在失去时间，时间恰恰是组成我们生命的宝贵材料。随着时间的流逝，我们也在失去青春的容颜，我们渐渐变得衰老，不再拥有青春和朝气。正是因为无可挽回的失去，我们更加珍惜时间、珍惜生命，也更加注意留住青春和美丽。自古以来，多少帝王将相花费重金寻求长生不老之术，这一切，都使生命变得更加可贵。没错，是失去让我们更加懂得珍惜。我们每天都在消耗金钱，随着金钱消耗速度的越来越快，也就使得我们更加重视和珍惜金钱。其间，也不乏有些人走了弯路，采取非法手段掠夺金钱。常言道，君子爱财，取之有道，即使一件东西再怎么珍贵，也要采取正确的手段获取。这是题外之话。

面对失去，很多人都觉得难以接受。很多东西，诸如亲情、友情，失去了是不会再有的。这也使我们看明白一个道理：金钱虽然可贵，但是失去了还可以再次获得；亲情、友情，都不能失去，否则将再也不会拥有。这个观念，帮助我们形成了正确的人生观和价值观。我们的生活，就是不断地失去又得到的过程。面对失去，很多人懊悔不已、追悔莫及。其实，恰恰是失去，帮助我们更好地面对未来，我们的心因为失去变得更加澄澈和明了，我们知道哪些是应该珍惜的。

李华是个非常孝顺的孩子，对父母非常好。不过，自从大学毕业后去了外地工作，李华留在家里的时间越来越少了。他生活和工作的城市离家里足足1000多公里，每年，李华只有春节才会回家几天。为此，李华对父母非常内疚，他总是说："爸爸妈妈，我一定认真工作、努力奋斗，争取在大城市有立身之地，把你们都接过去享清福。"每当这时，父母都会说："爸爸妈妈也帮不上你，不用你惦记，我们自己能照顾自己。你只要把自己的日子过好了，比什么都强。"就这样，李华渐渐习惯了这种每年只陪父母两三天的生活。

一天，李华正在上班，突然接到了妈妈打来的电话。电话里，妈妈泣不成声："华啊，快回来吧，你爸不行了！"这个电话如晴天霹雳，让李华傻在那里。足足愣了好几秒，他才回过神来，赶紧买飞机票回家。然而，当天的航班已经没有了。李华只有去买火车票，一天一夜地倒车，他终于回到家中，父亲却已然仙逝。家人知道李华在路上，怕他分心，就没有告知他。看着父亲冰冷的遗体，李华的心都碎了。父亲只有他这一个儿子，他却没有能送父亲最后一程。在父亲的葬礼上，李华似乎变成了行尸走肉，他根本不愿意接受父亲已经去世的事实。父亲去世后，他又在家里陪伴了母亲一段时间。最终，他想明白一个道理："树欲静而风不止，子欲养而亲不待。"他决定把妈妈接到身边一起生活，虽然小小的出租屋很拥挤，但是他要陪伴母亲。不想，母亲坚决不愿意离开家乡，她说："华啊，我得留下来陪你父亲，他坟上的土还没干呢！"一年之后，李华回到家乡，虽然工资待遇都比在大城市少了很多，但是每天吃着母亲做的饭菜，看着母亲享受天伦之乐，他心里很高兴。

对于人生，每个人追求的东西都完全不同。李华原本追求个人的发展，却经历了失去父亲的痛苦。他想明白自己不能再失去母亲，所以毅然放弃大城市的生活，回到家乡陪伴母亲，守护父亲。人总是这样，在拥有的时候意识不到，一旦失去，才能更加清晰地知道自己想要什么。在此讲述李华的事例，并非让每个人都像李华学习。归根结底，每个人的情况都不相同。不过，道理是一样的：失去，让我们更加清醒地审视自己。

人生总是如此，我们就像是贪婪的游客，在美丽的海边不断地捡起亮晶晶的贝壳。然而，随着行囊越来越重，我们不得不丢掉一些东西，有的时候也会不小心遗漏。物质上的东西，失去了还会再得到。感情，是值得我们珍惜的。人生的温度正是这些感情帮助我们维持住的，一旦失去感情的温度，我们的人生就会变得冷冰冰的。任何时候，不管有多少金钱和物质，也无法使我们感受到温暖。

失去，是让人难以接受的。然而，唯有失去，才能让我们更加清楚自己想要什么。生活，给予我们太多的馈赠，只有失去，才能帮我们分清生活的主次。失去和得到，是人生永恒的主题。

幸福是把握拥有，而非这山望着那山高

生活中，很多人都在抱怨，觉得自己拥有的不够多，觉得自己得到的不够好。难道是命运真的对你不公平吗？其实不然，归根结底，是因为你有一颗贪婪的心，对于自己得到的一切总是不知道珍惜，更不觉得满足。而对于自己未曾得到的那些，却又始终惦念，无法释怀。活在当下的人则不会这样。他们爱自己所选择的，珍惜自己所拥有的，很少为了不曾得到的而整日怨天尤人。他们既能够洒脱地对待那些曾经发生的事

情、曾经错过的人，也能满怀憧憬地畅想未来，这一切都不妨碍他们过好当下的每一分、每一秒，珍惜守候在自己身边的那个人。

对于每个人而言，生命都只有一次机会，而且非常短暂，不可重来。这仅有的一次生命绝不像是人们在戏台上，可以随便地演绎各种角色，即使演出失败，只要幕布一拉又是一场新的开始。人生如戏，却不像戏那样随时随地可以重来。人生如梦，却不像梦境那样随心所欲。人生，就是一场没有彩排也不可重来的一幕幕，按照既定的顺序上演，不管我们是否愿意，都只能继续这样的人生。毋庸置疑，每个人的人生轨迹都是完全不同的。但是相同的是，每个人在人生之中都必然要遭受坎坷挫折，都难免会受到伤害。甚至有些人生还会大起大落，遭遇致命的打击。只要还活着，我们就必须坚强地面对这一切，努力地消化命运对于我们的捉弄。

从本质上来说，生命是很脆弱的。因此人们所说的生如蝼蚁，其实很有道理。当生活节奏变得越来越快，当工作压力变得越来越大，我们必须学会放缓生活的脚步，给予自己一个喘息的时间。否则，如果我们这山望着那山高，也许就会与原本拥有或者唾手可得的幸福失之交臂。

自从结婚以后，小薇越看大伟越感觉不满意、不顺眼。原来，大伟是小薇的妈妈看中的好女婿，小薇原本并不喜欢大伟这样的老实憨厚款，恋爱进行得也没有激情和浪漫。但是妈妈却说："过日子要什么浪漫呢，浪漫能当饭吃吗？对于男人而言，最重要的是踏实可靠，你没看有多少年轻人离婚的吗？"在妈妈的强烈建议下，小薇心不甘情不愿地嫁给了大伟，结婚后却发现大伟比恋爱的时候更加让人索然无味。面对如同白开水一样的婚姻生活，尽管大伟对小薇呵护备至，但是小薇依然很快厌倦。

结婚第二年，小薇就与单位里的一个中层管理者陷入婚外恋的旋涡。这个中层管理者也有家庭，看起来风流倜傥，最重要的是为人风趣幽默，也很懂得讨好女性。小薇是在一次出差的时候，与这位中层管理者有了亲密接触，产生婚外情的。为此，她下定决心，趁着还没有孩子，果断离婚，当然她也没忘记动员那个完美的婚外恋人离婚。得知小薇的心意后，大伟几乎没有过多阻拦，就同意了。但是小薇离婚之后，左等右等，却等不来那个完美的婚外恋人。尤其是当看到小薇真的离婚之后，那个婚外恋人甚至故意躲着小薇，再也不对小薇呵护备至。夜晚下班之后拖着满身疲惫回到家里，小薇不由得想起曾经亮着温暖灯光的家，还有大伟提前做好的美味饭菜。如今，家里等待她的只有漆黑冰冷的空气和让人窒息的寂寞。

在这个事例中，小薇之所以不幸福，是因为她总是念念不忘自己得不到的一切，而对于到手的幸福却视若无睹。其实，什么叫幸福、什么叫爱情呢？幸福绝不是飞蛾扑火，爱情也不是昏昏沉沉。一切轰轰烈烈的爱情，最终也还是要落实到实实在在的生活中，与柴米油盐酱醋茶息息相关。假如你的爱情始终飘浮在梦幻里，那么注定是无法长久的。就像小薇一样，其实她所追求的只是刺激，直到失去才意识到大伟给她的幸福安定是多么可贵。

活在当下，获得幸福，就是要珍惜自己已经得到的一切，也珍惜自己身边的那个人。尤其是爱情，所谓人无完人，我们自己本身也不完美，因而也就不要奢求另一半那么的完美无瑕。只有接受对方的不完美，理智面对彼此的生活，我们才能更好地抓住爱情，享受幸福的滋味。当然，珍惜拥有并非只体现在爱情一个方面，生活中的很多方面都需要我们珍惜自己已经得到的，不要为了自己梦想中那些遥不可及的东西，失去现在握住的一切。

第9章

大道至简，做自己的主人

简化生活，给疯长的大树修剪枝叶

养过花花草草的人都知道，要想让花朵开得更加大而绚烂，就要在它们打苞的时候，尽量去掉那些很小的花苞，这样植物才能把所有的养分都集中供养那仅剩下的花苞，从而使其开出的花朵非常美丽。等到寒冬腊月到来的时候，为了帮助植物积蓄能量，园艺师也会精心为植物修剪枝叶，剪掉那些疯长的树枝，这样植物在来年才能更加长势茂盛，这也是为了避免多余的枝叶消耗大树的能量，和去掉多余的花苞是同样的道理。那么人呢？现代社会，生活节奏越来越快，生活压力越来越大，几乎每个人每天都行色匆匆，过得忙乱不堪。假如一个人没有很好地为自己的生活修枝剪叶，那么他也就无法让自己的生活秩序井然、井井有条，更会成为“忙乱一族”的成员，虽然整日忙得脚不沾地，但是却一无所获。

简化生活，说起来很容易，但是真正做起来会很难。因为贪婪的心使我们觉得任何事情都是不可舍弃的。日久天长，我们必然背负着越来越沉重的一切，在人生的路上艰难前行。其实所谓的简化生活，就是去掉生活中一切不是必需品的东西和追求，我们必须问清楚自己的内心：哪些才是必不可少的。现实生活中，随着我们欲望的不断膨胀，我们想要的越来越多，付出的也必然越来越多。我们美其名曰为了给孩子更好的生活条件，为了让父母安享晚年，因而拼了命地要买大房子、买好车。殊不知，这一切都并非我们的孩子和父母想要的。对于孩子而言，父母的陪伴比一切高档的玩具都更好；对于父母而言，子女的陪伴比一切高档的保健品都更好。因而，当我们为了那些身外之物忙得没有时间陪伴和照顾家人时，不如扪心自问：那一切究竟是我们想要的，还是真的是家人想要的？就像一份菜品，淡淡的味道才能品尝到菜品本身的香，假如加入了太多的调味，就会喧宾夺主、本末倒置。

其实，人生何尝不像是一场旅行呢？常常有人说人生是一趟没有归途的旅行，那么在旅行途中我们是轻松愉悦还是艰难负重，这完全取决于我们的选择。懂得舍弃的人，知道及时舍弃人生中那些并非必需的东西，贪婪无知的人，宁愿累死自己，也要把得到的一切都背到人生的目的地。最终却发现所有人都是赤条条地来、赤条条地去，对于未曾真正享受的东西，甚至比不曾拥有更加糟糕，毕竟还被它劳累了呢！

在大学毕业10年的聚会上，巧玲见到了多年未见的“床友”——睡在她下床的好姐妹洪敏。10年啊，除了极个别女生还大龄单着之外，其他女生都已经成为地地道道的女人和妈妈。原本，巧玲以为大学同学10年不见肯定特别亲近，没想到，巧玲却发现大家之间除了攀比就是攀比，当然，也包括她自己。

看到一个同学拿着刚刚问世的苹果8，巧玲再看看自己手中1000多块的华为，不由得感到自惭形秽。聚会还没结束，她就当即在网上订了一个苹果8，并且四处向同学们炫耀。聚会即将结束时，巧玲和很多同学一起走出饭店。这时，巧玲问和自己同一个县城的洪敏："走吧，洪敏，一起打车去车站。"不想，洪敏说："打车干吗呀，来吧，我送你回家。"这时，巧玲才看到洪敏开着崭新的科鲁兹。巧玲感到心中如同打翻了五味瓶。

途中，巧玲和洪敏聊天，才知道洪敏的老公是做生意的，家里很有钱，几乎人手一辆车。所以，就算洪敏和自己一样只是个清贫的小学老师，也依然能够拿出大笔的钱买车。巧玲心中难受极了，她的老公和她一样也是小学老师，他们两口子就算不吃不喝，也要三年才能买得起车呢！况且，怎么可能不吃不喝不养孩子呢？他们每个月微薄的薪水总是所剩无几。自从同学聚会后，巧玲连做梦都想着拥有一辆车，这使她感到很难受。当她把自己的想法告诉老公之后，老公却不以为然地说："买车干吗呀！别说没钱，就算有钱，咱们也没必要买车。现在公交车这么方便，想去哪里就去哪里，而且咱们上班就算是步行，也只需要10分钟，买车根本没用啊！"巧玲不屑一顾地说："你呀，纯粹是吃不到葡萄就说葡萄是酸的。有车当然好，我今天不就是搭车回来的吗！”老公依然没把巧玲的话放在心上。

不想，思来想去好几天，巧玲始终无法按捺住自己买车的欲望，居然拿着家里仅有的几万元积蓄，瞒着老公贷款买了一辆车。从此之后，她每个月都要支付3000多元的车贷。虽然木已成舟，老公只是说了巧玲几句，但是在三年的时间里，车大部分时间都处于闲置状态，巧玲一家却过着捉襟见肘的生活。巧玲这才感到后悔，觉得自己买了一个毫无用处的奢侈品。通过这件事情，她也深刻知道需要的才是最好的。

在这个事例中，巧玲因为大学同学聚会，先是买了苹果8手机，后来又贷款买了车。殊不知，正如她老公所说的，买车之后他们的生活非但没有变得便利，反而变得复杂了。车子整日闲置在那里，渐渐地成为旧车，但是巧玲却要省吃俭用地支付车子的月供，家庭生活质量大大降低。曾经坐着公交车快乐出游的日子没有了，她必须留在家里，节省每一分钱供养车子。

当然，对于需要的东西，我们必须追求，必须靠着自己的努力得到，这样才能提升我们的生活质量。然而，如今的社会充斥着越来越多的奢侈品，其中绝大部分除了炫耀之外，对于我们的生活毫无用处。在这种情况下，如果自不量力地消费，就会起到事与愿违的效果。

人的欲望是永无止境的，想想我们的生活吧，有哪些东西是我们必需的，离开它们就活不了的呢？尤其是在物质极大丰富的今天，人们已经成为物质的奴隶，被物质驱使着被动地生活。朋友们，从此刻开始就让我们学会做生活的减法吧，你会发现当你的生活变得简单清净，你的人生也会随之变得秩序井然、自由快乐！

学会笑纳命运给予你的一切

人生中，总有很多事情令我们迷惑，也会不可避免地伴随着这样那样的大遗憾、小遗憾，为错失、失误而遗憾，为始终希望拥有而终归未属于自己的东西而遗憾。小遗憾仅是一刻间的捶胸顿足，大遗憾却是一辈子的抱憾终生，追悔莫及。

是啊，人生中总有很多东西是不属于我们的。无论多么美好，多么令人羡慕，却不归我们所有，我们或许会为别人的拥有而遗憾，而我们所拥有的也许就是别人的遗憾，只是我们自己看不到罢了。因为怕有遗憾，面对选择时，就会谨慎再谨慎，但是无论我们做出或这样或那样的选择，也都难免会有遗憾。无论小遗憾、大遗憾，当它与我们擦肩而过的时候，就已经彻底地不属于我们了。万事顺意只是一种美好的祈愿，没有十全十美的人生，所以有时候遗憾也是一种美，面对遗憾，我们是否可以潇洒地一笑而过，接受现实，珍惜当下？笑纳遗憾，才是人生的一种大智慧。

在荷兰的阿姆斯特丹市，有一座宏伟的大教堂，它建于15世纪。教堂内有一句很醒目的题词：“事已至此，别无选择。”这句话在告诫世人，当厄运或不公正的待遇降临到人们头上时，如果无法改变它，就要学会接受它、适应它。

命运是个让人琢磨不透的怪物，它的性格喜怒无常。它会出人意料地给人带来惊喜，同样也会毫无来由地给人送来可怕的灾难。面对惊喜，每个人当然乐意笑纳，但面对灾难或不公平的待遇时，如果人们无法承受，它就会占据人们的心灵，让人们失去欢乐，永远生活在它的阴影里。

曾经有一对孪生兄弟，哥哥叫伊恩，弟弟叫杰森。兄弟二人帅气十足，但命运是不公的，他们遭遇了一场火灾事故，所幸消防员从废墟里扒出了他们兄弟俩，他们是那场火灾中仅幸存下来的两个人。

兄弟俩被送往当地的一家医院，虽然两人死里逃生，但大火已把他俩烧得面目全非。“多么帅的小伙子。”认识他们的人为兄弟俩惋惜。杰森整天对着医生唉声叹气，觉得自己成了这个样子，以后如何见人，如何在这个世界上生活？杰森无法接受眼前的现实，无法活下去的念头从他的思想走进了他的潜意识，他总是自暴自弃地重复着一句话：“与其这样还不如死了算了。”伊恩努力地劝说杰森：“这场大火只有我们得救了，这说明我们的生命尤为珍贵，我们的生活最有意义。”

兄弟俩出院后，杰森还是无法面对现实，他偷偷服了50片安眠药，离开了人世。伊恩却艰难地生存了下来，无论遇到多大的冷嘲热讽，他都咬紧牙关挺了过来，他一次次地暗示自己：“我生命的价值比谁都高贵。”后来，他当了一名货车司机。

一天，伊恩像往常一样送一车棉絮去加利福尼亚州。天空下着雨，路很滑，他把车开得很慢。此时，他发现不远处的一座桥上站着一个人。伊恩紧急刹车，汽车滑进了路边的一条小水沟里。他还没有靠近那个人的时候，那个人已经跳进了河里。那个人被他救起后还连续自杀了三次，最后一次他差点被大水吞没。

后来伊恩才知道，他救的是位亿万富翁。亿万富翁感激他给了他第二次生命，并和伊恩一起干起了事业。伊恩从一个积蓄不足10万元的司机，凭着自己的诚信经营，发展成了一个拥有3.2亿元资产的运输公司的董事长。几年后医术发达了，伊恩用挣来的钱整好了自己的面容。

一对孪生兄弟，为什么命运如此不同？因为他们的心态不同，面对毁容，弟弟杰森无法接受，选择自杀结束了自己的生命，而伊恩却始终告诫自己，自己的生命比谁都珍贵，他努力活了下来，后来，他用同样的信念救了另外一个轻生的人，从而改变了自己的命运。

诗人惠特曼说：“面对黑暗、风暴、饥饿、意外的挫折，我们应该像树木一样顺其自然。”接受现实，是我们走向乐观的第一步。在诸事不顺的环境中，发现现实存在的合理性、点滴变通的可能性，才能坚定信念，迎接成功的到来。

然而，现实生活中，总有人一味沉溺在已经发生的事情中，不停地抱怨，不断地自责。这样一来，将自己的心境弄得越来越糟。这种对已经发生的无可弥补的事情不断抱怨和后悔的人，注定会活在迷离混沌的状态中，看不见前面一片明朗的人生。之所以这样，是因为他们经历的磨炼太少。正如俗语说的那样：天不晴是因为雨没下透，下透了，也就晴了。

的确，尘世之间，变数太多。事情一旦发生，就绝非一个人的心境所能改变。伤神无济于事，郁闷无济于事，一门心思朝着目标走，才是最好的选择。相反，如果跌倒了就不敢爬起来，就不敢继续向前走，或者就决定放弃，那么你将永远止步不前。

放下悲伤，接受现实，才能重新起航。朋友，别以为胜利的光芒离你很遥远，当你揭开悲伤的黑幕，你会发现一轮火红的太阳正冲着你微笑。请用一秒钟忘记烦恼，用一分钟想想阳光，用一小时大声歌唱，然后，用微笑去谱写人生最美的乐章。

向简而生，向心而栖

古人曰：“大道至简。”意思是，越是真理的就越是简单的。在我们的一生中，总会有许多的追求、许多的憧憬，甚至我们会面临许多的诱惑。或追求真理，或追求刻骨铭心的爱情，或追求理想的生活，或追求金钱，或追求名誉地位等，但太多的欲求是否会让我们的生命有难以承受之重呢？生命之舟若是太过繁重，生命就不再是一个蓬勃向上和快乐进取的过程，而会成为一个痛苦无奈的延续，一个在痛苦中挣扎的生命，无论拥有的东西再多，也都暗淡无光。

就像古人所说的“大道至简”，其实，真正快乐的生活应该也是简单的，或者说，最简单的生活才是快乐的。当然，这种简单并不是贫乏或贫穷，而是繁华之后的一种追求，是一种去繁就简的境界。越简单越快乐，这确实是简单的真理，因为简单，我们的心很容易知足，哪怕是生活中一个细小的惊喜，我们也会变得快乐不已，这时快乐已经不再那么奢侈，而是很容易就能获得。

在宏村，有一位德高望重的老人，同时，也是一位医术精湛的老中医。他行医的宗旨是悬壶济世，解人疾苦。对于那些贫困的病人，他不仅免费医治，而且还给予精神安慰和金钱上的帮助。他在家乡行医了半个多世纪，积蓄颇为丰厚，于是他就在家乡开办了一座济老院，收留那些晚年生活无依无靠的老人，这个济老院完全是慈善性质的。

虽然老人花了大笔的钱来办济老院，但他自己的生活却坚持一切从简的原则。在宏村行走，他常年穿戴的都是旧而干净的布衣布帽布鞋，这些衣物的历史都在30年以上，宏村的人们很少见到他添置新的衣帽，平时家里人置办新的衣服给他，他也不穿，而是将这些崭新的衣服送给那些缺穿的人。在饮食上，他更是主张粗茶淡饭，以素食为主。生活如此之简单，但老人却生活得异常快乐，他闲来没事时就会去济老院陪那些老头老太太唠家常、叙往事。70岁的时候，他在济老院的前后种植了大片的竹子，等到他101岁逝世时，竹子已经是郁郁葱葱、蔚然成林了。

后来，宏村的人为了纪念这位老人，专门在竹林前立碑，除了记述老人的生平事迹以外，还为这片竹林题下了“慈竹林”三个大字。

简单的生活，首先应该有简单的心态。老中医舍得花大笔的钱来办济老院，做慈善事业，但并不意味着他在自己的生活中也是大手大脚，甚为讲究，相反，他自己的生活却是一切从简，一点也不烦琐。恰恰是因为这样简单的心态，他才更容易获得快乐，从而也获得了长寿。

华裔数学家陈省身教授曾这样说道：“把奥妙变成常识、

复杂变为简单，数学是一种奇妙有力、不可或缺的科学工具，人生也是一样，越是单纯的人，就越容易成功。简单既是思想，也是目的。人生是一种乐趣、一种创造。人生快乐，快乐人生，生活的动力就是不断寻找和发现乐趣。生命是否有意义，包括事业、家庭生活、健康长寿等，都和快乐有关。一个人一生中的时间是常数，应该集中精力做一些好事。”当错综复杂的生活变得简单，你会发现快乐也是比较容易获得的，因为我们心中已经无欲无求，在这样的心境下，自然就容易变得快乐。

追求简单极致的生活，需要适当控制自己的欲望，这些欲求当然是物质生活和人际交往这方面。而对于精神的追求，反而会更多。因为一个在物质和世俗关系方面追求很少的人，才可能有更多的时间去追求精神世界的丰富多彩。当然，欲望是难以克制的，欲望本身也是有利有弊的。

有“度”的欲望是人生命的内在动力，是人们奋斗和追求事业成功的推动剂。但是，一旦超过了限度，人的欲望就好像一匹脱缰的野兽，最终会将他拖入无底的深渊。一个追求简单生活的人，他会心无旁骛，将那些引起自己烦恼的事物丢掉，不让它干扰自己的身心和脚步。简单使人快乐，简单生活是快乐的绝世法宝。

圣人做学问追求一种“大道至简”的境界，人活一生更应如此。为什么人们会不厌其烦、孜孜不倦地去追求那些看似风光、实际上令人身心疲惫的“负担”呢？皆因内心少了一份简单，少了一种简单的人生态度。与其困在财富、地位与成就的壁垒中迷惘，不如尝试以一颗简单的心，追求一种简单的生活。

等待美好，爱情不将就

如果你迟迟遇不到合适的人，你会怎么做？是继续寻找一个情投意合的意中人，还是随随便便找个差不多的勉强一起生活？一个人如果到了适婚的年龄还没有找到合适的对象，往往会开始着急起来，一边恐惧自己没有很好的婚姻，一边到处“相亲”。殊不知，这种走马观花式的相亲效果并不理想，导致越急越乱，以至于失去了主见。朋友们，美好的爱情值得我们去等待，不要怕，爱情是一种遇见，总有一个合适的人在等着你的出现。

瑶瑶的男友长得帅，家境也好，可惜是个纨绔子弟。虽然瑶瑶并不喜欢他，可耐不住一箱一箱好吃的往家里送，嘴又很甜。瑶瑶的父母都说：“你都快30的人了，还挑什么？”他还很会打动瑶瑶的朋友，让她的死党们都替他美言。最终，他赢得了瑶瑶的感情。但两个人走到一起后，瑶瑶却渐渐发现彼此并不合适，结果两人以分手收场。这样，瑶瑶又回到了单身生活，没有任何失恋的痛苦，倒是有一丝终于解脱的快感。

最近，瑶瑶又碰到一位很关心自己的男人，这个男人叫张浩轩，熟悉之后，瑶瑶同意交往试试看，于是乎就答应过年时去张浩轩家看看。不得不承认张浩轩真的很爱她，去任何地方都希望带她一起去。瑶瑶努力说服自己，就这么凑合过吧，找不到自己爱的，那就找个爱自己的吧。可是自己还是会挑他的毛病，不斯文，太胖，还有点大男子主义，对于张浩轩，瑶瑶永远少了一份耐心和宽容。

一次，张浩轩说要给瑶瑶买套新衣服，选了很久，张浩轩看上的瑶瑶始终看不上，但瑶瑶还是顺着他的意思买了。当买鞋子的时候，他非要给瑶瑶买双高跟鞋，说是她穿起来肯定很漂亮。瑶瑶一米七零的身高，有着姣好的面容，平时根本就不穿高跟鞋，只是喜欢白色的球鞋。平时瑶瑶一直穿37号的鞋子，他却做主为瑶瑶买了一双36号的……

有一次张浩轩的同学生日聚会，瑶瑶打扮得光鲜亮丽，无疑给他争得了不少面子，他看上去很是自得。回到家，瑶瑶的脚疼得厉害，不合脚的鞋子、不合腰的裤子，看起来很漂亮，其实好坏只有自己心里清楚。瑶瑶忽然间再也不想忍了，不想凑合了。她不想和这样一个自己并不爱的人度过一生，最后瑶瑶还是和他分了手，重新寻找适合自己的男人。

随后，瑶瑶终于明白了，爱情不可以将就，不要因为一些表象的关爱而失去了理智，凑合找一些不合适的人一起生活，这样对彼此都是一种伤害。终于有一次在朋友的婚礼上，瑶瑶遇到了她生命中的真命天子，那是朋友的同学，当时见面印象不错，后来两人以朋友的身份时常见个面，一起约着出去玩，随后彼此发现对方就是合适的那个人，在一个合适的时间，男方对瑶瑶表白，然后两人幸福地走到了一起。瑶瑶当时的心情是喜悦的，因为她觉得她终于等到了那个对的人，她感恩自己没有继续凑合之前的感情，要不就永远遇不到现在的他。

很多人觉得要在自己最美丽的年华完成终身大事，但是如果碰不到合适的我们难道一定要凑合吗？婚姻是一辈子的事，如果不是跟自己喜欢的人在一起，那真的是一件很悲催的事情。千万不要为了一些无关真爱的原因而结婚，否则后悔药真的没地方买。

“不要在我寂寞的时候说爱我，除非你真的能给我快乐，那过去的伤总在随时提醒我，别再被那爱情折磨。不要在我哭泣的时候说爱我，除非你真的不让我难过，我不想听太多那虚假的承诺，让我为爱再次后悔犯下的错……”这首歌相信很多人都听过，人生好似一场寂寞的旅行。可能正是因为这个原因，所以害怕孤独的我们总是企图从别人那里寻找温暖，不断尝试着在孤寂的人生旅途中得到心灵的安慰。爱情是需要等待的，等待一种遇见，等待一份相知，等待一份相守。所以，请不要为了身份地位、为了财富、为了年龄而去凑合一段情感，爱情最需要的是一份真心，爱情不可以将就。

做自己的主人

人生最大的学问就是，如何把握自己的命运，做自己的主人。命运掌握在我们每个人自己手中，只有真正掌握自己命运的人，才能算是完全独立的人，才可称得上自己的主人。

不能把握住自己命运的人，骨子里都是软弱的，就像身体没有了主心骨，总是在最关键的时候，犹犹豫豫，畏缩而不敢向前，最终只能是错失良机，把握不住自己的命运。知道把命运握在自己手中的人，他们有自己的思考，更有自己的辨别能力，在一些事物面前，分得清轻重缓急。这种人，往往能拥有一种奋起自强的精神，无所顾忌地走自己的路。

做自己的主人，也就是要把握自己自主选择的权利。在社会中生活，我们会面临大大小小无数的选择，只有在这些选择里拥有主动权，用积极的态度做出最利于我们成长的抉择，才能离成功越来越近。明白自己心里想要的和自己最看重的，慎重地做出选择后并积极行动，会比什么也不知道，盲目地往前走好得多。

美国著名女演员索尼亚童年时一直住在渥太华郊外的一个农场里。

当时她和周围的小孩子都在农场附近的一所小学里读书。一天放学后，父亲见她挂着满脸泪痕回到家里，便问她是不是在学校里发生什么事了，她告诉父亲，是班里的同学说她长得丑，还说她跑步的姿势太难看了，让她自尊心受到了伤害。

父亲听了她说的，并没有急着安慰她，只是微笑地看着她。忽然父亲说："我能够得着我们家的房顶呢。"

索尼亚听完觉得很神奇，不知道父亲为什么这么说，便止住了哭泣反问道："您说什么？"

父亲又重复了一遍："我能够得着我们家的房顶呢。"

索尼亚仰头看了看自家的房顶，离地面至少也有4米高，父亲怎么可能够得着呢？她是无论如何也不信的。父亲忽然笑了，得意地说："不相信我能够着吧？那你也不用信你的那些同学，有的人说话是不符合事实的，不能老是被别人的意见左右，应该相信自己，按自己的想法做事情。"

索尼亚二十四五岁的时候，虽然还没有大红大紫，但也算得上小有名气。有一次，经纪公司给她安排了一个活动，出席一个集会。但是到了集会当天，经纪人告诉她，由于天气原因，参加集会的人减少了一大半，会场的气氛很冷淡。索尼亚知道经纪人这么说的意思是，她现在是新人，为了增加自身的名气，应该把时间花在参加一些大型的活动上。但是索尼亚坚持要参加这个集会，因为之前在报刊采访她时，她承诺过，一定会参加这次集会。

结果，那次集会虽然因为下雨，一开始只去了很少的几个人，但是因为有了索尼亚的参加，渐渐地，越来越多的人聚集到了广场上，索尼亚的名气和人气也因此飞速上涨。

朋友们，假如此刻，你还在人生的十字路口张望、徘徊，请记住，你是属于你自己的，任何人都不能代替你为自己的人生做决定。我们要听别人的意见，但是最后的主意却必须是自己拿，我们要做自己的主人！

常听到有人这样说：路就在你的脚下，就看你怎么去选择了。其实任何事情都是这样的，只要是你的事，最终就只能靠自己去选择。因为人生是自己的，只有我们自己才能担得起这个责任，才需要担这个责任，也必须承担这个责任。

命运掌握在自己的手中，不管是谁，都不可能替我们自己的人生做决定。只有把握自己的命运，做自己的主人，你才能掌握人生的主动权，成为无可替代的自己。

为自己寻找一个积极而有意义的目标

生活中的人们，你是否觉得现在的自己正在从事一项很无聊的工作，每天上班也只是为了坐等下班，你觉得自己的工作毫无成就感？如果是这样，你必须重新审视自己，如果你对这项工作真的提不起兴趣，那么，你就要为自己重新寻找一个积极而有意义的目标。

人的欲望具有双重影响，合理的欲望是我们人生的助推器，催人奋进，从这一点看，我们要肯定欲望的积极作用。事实上，那些在事业上做出一番成就的人，都对成功有着强烈的欲望。而从心理学的角度看，人的行为是受心理影响和支配的，心里有欲望，行动才有动力。

曾经有人以医院的清洁工为研究对象进行了一项研究，在被研究的两组人中，一组觉得自己的工作很枯燥、乏味、没意义，他们得过且过；另一组人则对工作很投入，他们把医院打扫得很干净，他们经常和护士、病人交谈。为此，他们觉得自己的工作很有意义，也获取了很多的快乐。

哈佛教授本·沙哈尔曾说：“一个幸福的人，必须有可以带来快乐和意义的目标，然后为之努力，真正快乐的人，会在自己认为有意义的生活里，享受它的点点滴滴。”在哈佛的课堂上，在谈到工作问题时，教授本·沙哈尔笃定地告诉学生：“一个在工作中找到意义与快乐的投资家，一个拥有正确动机的商人，绝对要比一个心不在焉的和尚，高尚和有意义得多。”哈佛人毕业之后，都会记住教授的话，并且，他们都会把自己的工作当成使命来完成，他们会对工作投入百分之百的热情，而这也是哈佛人能成功的原因之一。

在人们梦寐以求的微软公司，有一个临时清洁工升职成正式职工的故事：

她是办公楼里临时雇佣的清洁工，在整个办公大楼里，有好几百名雇员，但她的工资最低，几乎没有什么学历、工作量最大，而她却是最快乐的人！

每一天，她来得最早，然后面带微笑开始工作，对任何人的要求，哪怕不是自己工作范围之内的，也都愉快并努力地跑去帮忙。周围的同事都被她感染了，很多人成了她的好朋友，甚至包括那些被大家公认为冷漠的人，没有人在意她的工作性质和地位。她的热情就像一团火焰，慢慢地整个办公大楼都在她的影响下快乐了起来。

盖茨很惊异，就忍不住问她：“能否告诉我，是什么让您如此开心地面对每一天呢？”“因为我热爱这份工作！”女清洁工自豪地说，“我没有什么知识，我很感激企业能给我这份工作，可以让我有不菲的收入，足够支持我的女儿读完大学。而我对这美好现实唯一可以回报的，就是尽一切可能把工作做好，一想到这些，我就非常开心。”

盖茨被女清洁工那种热爱工作的态度深深地打动了：“那么，您有没有兴趣成为我们当中正式的一员呢？我想你是微软最需要的。”“当然，那可是我最大的梦想啊！”女清洁工睁大眼睛说道。

此后，她开始用工作的闲暇时间学习计算机知识，而企业里的任何人都乐意帮助她，几个月以后，她真的成了微软的一名正式雇员。

这名女清洁工是怎么获得成长的？因为她对当下工作的热爱和对计算机知识的渴望，而正是这一“欲望”，让她能以正确的心态去面对工作，不是怨天尤人，不是得过且过，而是以一种积极的、向上的心去感染周围的每个人。

的确，为自己的目标奋斗的过程才是真正让我们感到幸福的，另外，这个目标必须是积极的，是能带动我们产生积极心态的。当然，我们依然需要重视当下，重视生活、工作中的每一件事，认真做好当下的事，并修饰你做事的每一个细节。因为没有小，就没有大；没有低级，就没有高级。每天那些点滴的小事中都蕴含着丰富的机遇，伟大的成就都来自每天的积累，无数的细节就能改变生活。

可见，幸福是与快乐和积极的目标联系在一起的，一个幸福的人，必当有着一个能给自己带来快乐和意义的目标。

第10章

生命美好又短暂，但值得我们全力以赴

人生苦短，且行且珍惜

在快节奏的现代社会，为了生计，为了拥有更好的生活，我们常常步履匆匆，忙于工作、事业，却忽略了自己的内心。每当夜深人静，当你驻足窗前，当你看到绚丽的霓虹时，你可曾想过是否错过生命中很多重要的东西？你是否发现，你的双亲已经双鬓发白，而你未曾侍奉在前？你是否因为缺少对爱人的关心而导致婚姻失败？你是否因为竞赛中的一个小失误而导致失利？你是否无视朋友的感受而导致朋友的离去？

想到这些，你的心是否为之一颤？人生的路上，我们可能错过很多，也可能在某些方面做得不足甚至是失败，你可能会为此悔不当初，其实，与其后悔，不如去珍惜，从失败的经验中获得反省，你才能在人生的路上一路收获！

事实上，生命的意义不仅仅在于要成就多么伟大的事业，实现崇高的人生目标，或者拥有多少的财富，也在于如何淡然地享受人生追求努力过程中的愉快心情，感受人生过程中那份淡淡的幸福味道。

一个女人，经过了一次失败的婚姻后，她更加懂得了珍惜，因此，每年结婚纪念日，她都会记住，并且送爱人一份礼物。但随着事业的逐渐上升，她似乎忘记了什么才是值得珍惜的。转眼，她和丈夫结婚10年了，这天下午，她来到一家首饰店，急匆匆地买了枚戒指，她对服务员说："请把戒指包好，天黑之前送到我家给我丈夫，我还要参加一个会议。"

然后她匆匆忙忙填写一张卡片，上面写道："亲爱的，晚上我还有一个会议，抱歉不能与你共同庆祝。"

在她逗留于首饰店的短短时间里，进来一位老太太。老太太一进门就说："给我看看你们这里的手表。"

女人回到公司，交代了一些工作后，马上开车去赴她的会议。在路上，她看到了一个似曾相识的身影，那不正是买手表的老太太吗？她放慢车速想看看老太太在干什么。啊，原来，那是一个小小的墓园，老太太把那块手表埋在了墓地旁边，然后静静地坐在那里，一动也不动，背影写满了悲伤和怀念。

这一幕映入这个女人的眼里，她的心，忽然痛了一下。然后，接下来的事情是，她开动引擎，把车子掉头，朝着来时的方向疾驰而去。她赶到那家首饰店，推门进去，幸好首饰店的服务员还没有送出那枚戒指，她急忙说："请把戒指给我，我要自己送！"

看完这个故事，我们不禁也为之感动。是啊，人生苦短，时间可能会带走一切，如果我们不懂得珍惜，那么，剩下的可能就只有叹息！可是生活中，又有多少人能和故事中的主人公一样读懂细腻的感情呢？

现实生活里，我们都渴望人生的丰富多彩，不遗余力地追求理想目标的实现，却不知道淡然地享受人生过程，享受人生平平淡淡的幸福快乐。其实，无论人生目标有多么的瑰丽辉煌，也不能为了“短暂”的拥有，而放弃过程中的开心微笑。

什么是幸福？幸福是一种心境，淡泊宁静，不计较得失，不在乎成败。这是一种睿智的生活态度和生活方式，是对现代文明压抑的一种反抗。

人不能改变过去，也不能控制将来，人能控制与改变的只是此时此刻的心念、语言和行为。过去和未来的东西都虚无缥缈，只有当下此刻才是真实的。因此，一个人的生命不管能否长久，生命过程应该是丰富多彩的，人生的道路应该是宽阔有风景的，享受过程应该是愉快幸福的。我们每个人都应该珍惜每一天的到来。

实际上，一个人的人生坐标定在什么位置，就有什么样的幸福。最大的幸福莫过于好好活着，珍惜今天，珍惜当下。人生在世，会经历许多事情，坎坎坷坷，酸甜苦辣，人皆有之。一帆风顺，只是祝福语，是一种愿望。其实，幸福就在我们身边，是要寻找和创造的。

命运掌握在我们自己手中

很多时候，我们因为生活的不如意而怨天尤人，殊不知，生活之所以不如意，并非因为客观外物，更不是因为别人，而是因为我们没有把握好自己的命运。其实，每个人的命运都牢牢地把握在自己的手里，想要拥有怎样的命运，我们就应该付出怎样的努力。上天总是公平的，种瓜得瓜，种豆得豆，倘若什么也没有种，自然只能面对贫瘠的土地。所以，当我们抱怨命运不公的时候，我们不如先反省自身，我们做到了吗？我们做好了吗？我们已经尽力了吗？假如做了，也没有如意，那么只能说还没有做好。假如做好了，依然不能如意，只能说还没有尽力。假如也尽力了，那么，你还需要做的就是坚持，不放弃。既然命运握在你的手中，你一旦放弃，就相当于放弃了自己的命运。

小张是一个生活平庸的年轻人，他对自己的人生没有信心，整天忧心忡忡、闷闷不乐。因此，他经常去找一些“赛半仙”算命，结果越算越没信心。他听说山上寺庙里有一位禅师很是了得，这天他便带着对命运的疑问去拜访禅师，他问禅师：“大师，请您告诉我，这个世界上真的有命运吗？”

“有的。”禅师回答。

“噢，这样是不是就说明我命中注定穷困一生呢？”他问。禅师让这个年轻人伸出他的左手，指着手掌对小张说：

“你看清楚了吗？这条横线叫作爱情线，这条斜线叫作事业线，另外一条竖线就是生命线。”

然后禅师让他自己做一个动作，把手慢慢地握起来，握得紧紧的。

禅师问：“你说这几根线在哪里？”

小张迷惑地说：“在我的手里啊！”

“命运呢？”

小张终于恍然大悟，原来命运是掌握在自己手里的。

很多人都不知道命运原来是掌握在自己的手中的，而只知道一味地怨天尤人，抱怨命运不公。禅师的话点醒了迷惑不解的小张，我想，从此以后，小张一定不会再轻易抱怨，而是牢牢地握紧自己的双手，把握自己的爱情、事业和生命。

命运常常会给我们一些意外，这些意外或者是惊喜，或者是挫折，但不管怎样，我们都只能依靠自己度过一切的艰难和坎坷。德国著名的音乐家、作曲家贝多芬在创作鼎盛期的时候突然耳聋了，面对如此沉重的打击，他非但没有屈服，反而说：“我要扼住命运的咽喉，它绝不能使我屈服。”面对命运的捉弄，他最终成功了，为世界的音乐宝库留下了浓墨重彩的一笔。著名的作家小仲马在文学界赫赫有名，然而，他刚开始从事文学创作时却屡屡遭遇闭门羹。见到小仲马屡遭退稿，他的父亲大仲马建议他告诉编辑他是大仲马的儿子，不想，小仲马坚定不移地拒绝了。他从未接受父亲和一些杂志社主编所谓的帮助，最终完全凭借自己的努力写下了惊世之作《茶花女》，成为一位蜚声文坛的文学巨匠。我国著名教育家陶行知也曾经说过，滴自己的汗，吃自己的饭，自己的事情自己做，靠人靠天靠祖上，不算是好汉。纵观这些成功人士的成长经历，我们不难发现，大多数成功人士之所以能够获得成功，是因为他们牢牢地把握了自己的命运。

面对人生的困境，我们不妨这样做：

（1）当你看到别人的成功时，无须艳羡，因为你也同样可以获得成功。

（2）摊开自己的掌心，再握紧自己的掌心，你就能感觉到你的命运紧握在你自己的掌心中。

（3）不管什么时候，你的命运都不是由别人决定的，而是你自己。

（4）向那些成功人士学习吧，学习牢牢地把握自己的命运，学习成就自己的一生。

幸福的滋味，只在于我们热爱万物的心中

这个世界有很多人满怀抱怨，从不感恩。他们不知道幸福

只存在于感恩的心中，误以为只有不停地抱怨才能得到心中的所愿。事实恰恰相反，抱怨的人心中总是满怀苦楚，很难得到幸福的青睐。相反，当我们满怀欣喜地感恩这个世界，对于自己得到的一切都心怀感激，发自内心地热爱万物，我们才能感受到幸福的滋味。

每天，我们按部就班地生活，似乎已经失去了感受幸福的能力。我们整日忙忙碌碌，早晨天不亮就起床奔波一两个小时，赶往遥远的工作单位，晚上天黑才下班，披星戴月回到家中，不但没有心情欣赏沿途的风景，甚至也没有心情和家人好好聊聊天、说说话。在这样日复一日枯燥乏味的忙碌中，我们的心渐渐变得粗粝，甚至不知道如何填补那份空虚寂寞和荒芜。面对生活的诸多烦忧，何不抽出时间来多多亲近大自然呢？当你置身于绿草如茵的原野，当你遥望远处起伏不平的山脉，你一定会对于生命有新的感悟。

乘坐汽车在一望无际的原野上奔驰，小马感到心旷神怡，似乎无尽的烦恼都被远远地抛在脑后，心也瞬间变得和低低的蓝天一样清澈澄明。这时，小马看到坐在他前排的一个姑娘正在从背包里取出东西往外撒，不由得纳闷地问："你在做什么呢？"姑娘笑了，说："我一直梦寐以求来到草原和旷野，也许今生今世只此一次。我随身带着花种，想把鲜花留在这片我热恋的土地。"看着姑娘如花的笑靥和纯净的眼睛，小马感动极了，说："你一定会得到幸福的，因为你是如此热爱万物，上天一定会给予你丰厚的回报。"

姑娘的话让小马陷入深深的思考之中，原来，小马是因为对人生感到不如意，所以才千里迢迢来到草原散心的。看着窗外的一切，小马不由得反思自己：到底是我得到的太少，还是我索求的太多？假如我也能对万事万物怀着热爱和感恩，也许内心就会变得更加豁达和从容。

曾经有一位哲人说，感悟幸福是一种不可多得的能力。通常情况下，高情商的人总是能够从世界上的万物之中感受到幸福的滋味，他们情商很高，因而总能处理好人生中的一切艰难坎坷，不管是在顺境还是逆境，都始终心怀感激，不离不弃。相反，那些情商低的人则总是容易感到悲观绝望，尤其是很容易放弃。他们一旦遭受小小的挫折，就会马上消极起来，心灵无比脆弱。不得不说，活着本身就是一件很美好的事情，我们至少还能享受温暖的阳光，呼吸新鲜的空气，也能看到一切美好的事物。只有活着，我们所有的梦想才能成真。

心怀感恩，才能做到热爱万物，哪怕是生命中的坎坷挫折和一切不够美好的事物，甚至是曾经伤害过我们的人，都是我们生命中不可错过的经历和经验。让我们学会以美的眼光看待这个世界吧，只有我们自身的心灵变得美好，我们才能发现世界上万事万物的美好，从而发自内心地热爱它们、感恩它们，也给自己的生命带来质的飞越和突破。

漫漫人生也需要加油

当你独自开车去遥远而又偏僻的地方时，你一定会在进入偏僻地段之前，先为自己的车子加满油，甚至还会用汽油桶为自己储备几桶油。否则，一旦车子因为汽油耗尽而停下来，那么它就将无法成为你的有力工具，而会变成你的拖累。现实情况的确如此，汽油好比车子的食粮，就像人每天都需要吃三顿饭一样，车子也必须定时加油，才能在你需要的时候疾驰如飞。其实，人生也如同汽车一样，也是需要加油的。很多人都觉得自己的人生疲惫不堪，很难加足马力勇往直前，只能慢慢吞吞地如同蜗牛般行进。其实，这是没有及时加油导致的。

也许有人会说，我的人生加油了呀，我每天都吃很多美味的食物，还吃得营养全面而又丰富，怎么会没有加油呢！你别忘记，马斯洛的需求层次理论中，维持生存的需求仅处于最底层，除此之外，人还有更多更高层次的需求需要满足呢！人活在这个世界上，绝不仅仅只是活着，还要追求精神上的满足。为了帮助自己实现人生的理想和目标，我们除了要维持基本的生存需要之外，更要不断地充实自己，为自己的人生加油，这样才能开足马力，朝着梦寐以求的终点全力奔去！

现代社会，提倡活到老，学到老，提倡终身学习，其实也是在告诉人们，应该保持积极进取的状态。永远不要觉得自己的人生只需要在学校中短短十几年的学习就足够了。现实是很残酷的，激烈的竞争要求每个人都要时刻保持学习的好习惯，否则就会被时代淘汰。当然，现代社会的学习范围和形式也变得不拘一格，并非只有在学校里才能学习，学习有很多种形式，也可以随时随地进行。利用工作之余的时间参加各种培训班，学习自己用得上的技能等，是一种学习；平日里多多读书，看有益于人生的书，开阔眼界和思维，也是一种学习；三人行必有我师，向他们学习也是一种卓有成效的学习……总而言之，处处留心皆学问，有心之人在生活中总能学到很多知识还有待人处世的道理。任何点滴的学习，对于我们的人生都将会是非常宝贵的经验和沉淀。从现在开始，就让我们用心学习吧！

小雅高中毕业后就辍学了，因为她的父母身体都不好，只能勉强务农，所以家里根本没有多余的钱供她上学。后来，小雅跟随同村的小姐妹一起去南方的服装厂打工，成为流水线上的一名工人。工作是很辛苦的，每天都要工作十几个小时，为此，小雅觉得心力交瘁。看着小姐妹们逆来顺受的样子，小雅却很不甘心，她暗暗想道：我不能这样度过一生，我必须改变自己的命运。为此，她每天都利用短暂的休息时间用功复习高中的教材，居然在一年后顺利考取了一所名牌大学的函授课程。从此，她一边工作，一边努力读书，用三年的时间学习了大专课程。因为每天都在和服装打交道，小雅渐渐对服装设计产生了兴趣。为此，她在获得专科学历之后，就开始自学服装设计。一个偶然的机会，小雅投稿的一幅服装设计图居然中奖了。这样一来，小雅在工厂也出了名。

后来，设计部的主管亲自来邀请小雅加入设计部，小雅简直受宠若惊，她难以相信地问："我真的能成为设计师吗？可是我并不是大学生……"说着，小雅羞愧地低下头。设计部主管却带着笑容鼓励小雅："设计讲究的是天赋，而不是学历。只要经过基本的教育，能够把自己的所思所想和新鲜创意表达出来，你就可以成为一名设计师。你知道吗，我已经把你的获奖作品推荐给厂里的相关负责人，也许会批量生产呢！到时候，你会得到一笔奖金，当然最重要的是你改变了自己的命运。"就这样，小雅在其他姐妹依然默默无闻地当着流水线工人时，居然一下子成为人人羡慕的设计师。此时此刻，她丝毫没有骄傲，而是暗暗下决心要加倍地努力，提升和完善自己，让自己成为一名真正的设计师。

在这个事例中，作为一名普通而又平凡的流水线工人，小雅正是凭借积极进取的学习精神，才成功改变了命运。所谓活到老，学到老，并非要求我们放下工作留在校园里学习。很多人因为各种原因，或者家境贫寒，或者工作忙碌，根本无法继续在校园里学习，那么不如像小雅一样，把学习贯穿于自己生活中的每一分每一秒吧。当你开始用心对待人生、努力拥抱学习，你就能够更加迅速地获得进步，并且彻底地改变自己的命运。

任何失败的人，都是因为没有抓住千载难逢的好机会，而机会恰恰是给有准备的人准备的，学习就是我们对于人生最佳形式的厚积薄发。人生处处皆学问，就算是想要做好一道美味的菜肴，也需要我们非常用心地钻研。由此可见，生活无小事，对每件事情都抱有认真严谨的态度，才能帮助我们收获成功的人生。假如你自从离开校园之后就很少读书了，那么不如从此时此刻开始，努力学习吧。只要你愿意学，知识的海洋是永无止境的，你总能找到自己应该学习和掌握的东西！

岁月静好的人生，如何才能继续下去

关于人生，很多人的奢望都是“岁月静好”。看似简简单单的四个字，却凝聚着人生最美好的愿望。如果真的岁月静好，一切难题都能迎刃而解。想一想就觉得美好吧，在午后的阳光下，一对老夫妻安安静静地坐在树下的石凳上乘凉。他们身旁的石桌上摆着一壶绿茶，阳光透过树叶斑驳地照射在他们的身上。他们彼此之间不说话，偶尔对视一下，眼睛里是深深的默契。这样的人生，想必一定是圆满的。实际上，事情并非如你所看和猜测的那样。也许这对老夫妻刚刚承受过什么打击，也许他们其中的一人身患重病。然而，这并不影响他们岁月静好地坐在这里享受阳光，享受下午茶。原来，岁月静好并非是长久的承诺，而只是暂时的状态。

任何时候，即使面对坎坷和困境，只要我们能够摆正心态，就能够岁月静好地生活下去。由此可见，要想拥有岁月静好的人生，不是向上帝祈祷我们永远健康快乐，而是帮助自己保持一颗平和的心。

琳达70岁了。在70岁生日时，她邀请了很多闺蜜和好朋友，一起庆祝。在生日宴会上，琳达还向大家宣布："我已经70岁了，虽然很多人都认为我应该去见上帝，但是我还是要快乐地活着。我要去学画画，还要去爬山。"听到琳达的话，大家都以为她疯了。与琳达关系最好的艾琳说："你这个老家伙，你这么折腾，难道是真的想去见上帝了吗？！"琳达笑着说："当然不是啦。我只是认为，我还可以像以前一样做很多事情，为什么不呢？"后来，琳达真的报名参加油画班。她画得那么好，甚至还在几年后举行了一场个人画展。当然，她也没有忘记自己要去登山的豪言壮语。她的80岁生日，就是在日本的富士山顶峰度过的。朋友们都惊讶地发现，琳达似乎越来越年轻了，仿佛年轮雕刻在她身上的，只有不屈服的那颗心。

很多人一旦显出老态，就时时刻刻告诉自己已经老了的事实，也不再以美好的面目示人，甚至就这么呆呆地坐在家里，等待死神的降临。殊不知，岁月静好不是等来的，而是平常的日子依旧。当你老了，如果你体力和精神都还尚可，为何不尽量像以前那样生活呢？当你老了，即使戴着满口假牙，也依然可以吃美食，只不过稍微费力一些而已。很多人之所以年纪轻轻就显现出老态龙钟，就是因为他们从未拥有年轻的心态。

很多人都理解岁月静好是一种一成不变的生活状态，的确，虽然是一成不变，但并非静止不变。我们唯有保持年轻向上的心，才能保持生活的常态，不被改变打垮。

认真地生活好每一天

我们都拥有着同样的时间，每天24小时。但是就是这每天相同的时间里，有人却能学到好多的知识，有人却只是玩了一天；有人能做成一笔大生意，有人却在街上晃来晃去找不着头绪；有人能够开心地陪伴家人度过一个愉快的假期，有人却与家人吵吵闹闹、摔摔打打……这是为什么？区别何在？他们最大的区别就在于前者总是一天完成了25小时的工作，后者却只是荒废了生活，丢失了人生的意义。所有领域里那些知名、出类拔萃的佼佼者，他们与业内寻常人的区别，往往就是“多做了一点事情”“多用心一点点”，正是多那么一点点，为他们换回了千万倍的回报。

一天清晨，国王独自一人在动物园中散步，他突然发现所有的动物都奄奄一息。

国王诧异地问一头大象：“你们究竟遇到了什么麻烦？”

原来，大象认为自己生来就是一副笨拙老实相，不能像狮子一样威风凛凛，所以消极厌世，觉得活着没什么滋味；狮子则憎恶自己不能像孔雀那般美丽迷人、人见人爱；而孔雀也想离开人间，因为它想和老鹰一样翱翔蓝天，去追求梦境般的生活；长颈鹿也“病”倒了，因为它嫌自己的脖子实在太长了，跑起路来根本赶不上袋鼠的速度……

国王正惊叹之时恰好看到一只蚂蚁在乐此不疲地寻觅着食物，便高兴地对它说：“当别的动物都已对自己气馁时，只有你还这样勇敢积极地活着，你为什么能够这样安心呢？”

“是啊，我的确很快乐，虽然我身上没有什么值得骄傲的地方，但我却从未沮丧过。因为我知道，如果你需要一头大象、一只雄狮，或是一只孔雀、一只老鹰、一头长颈鹿的话，你就一定会千方百计地寻找到它们并驯养它们。而且我还知道，你只希望我做一只小小的蚂蚁，所以我下定决心要做这个园中最棒的蚂蚁。”

同样的一天，但是不同的小动物却活得不一样，有开心，有难过，有失望，有自卑……人类不也是这样吗？虽然上天赐给我们每天相同的时间，但是我们却经营得各不相同。每一个一天凑成了一个星期，每一个星期凑成了一个月份，每一个月份凑成了一个整年，每一个年凑成了我们的一生。想到这里，我们的每一天难道不应该好好度过吗？

凯文是一家商店的理货人员，他的工资很低。在他刚刚进入这家商店的时候，老板对他说：“你必须对我们整个生意的所有细节熟门熟路，这样你才能成为一个对工作有用的人。”

和凯文同时进商店的人对此不屑一顾，认为这样一份渺小的工作根本不值得认真去做，只要每天把货物堆上货架就行了。可是，凯文却不认为这是一项简单的工作，他工作的时候十分认真。

每一天，凯文都兢兢业业地工作，公司的工作流程也一点点熟悉起来。他注意到老板总是要仔细地核对那些进货的账单。由于从很多厂家进货，账单写得很乱，每天老板都要花去很多时间。一天，老板有急事，凯文就主动要求帮助老板检查账单。他做得很好，老板觉得很满意。于是，从那天以后，检查账单就变成了凯文的工作。

又过了一段时间，老板把凯文叫进办公室说：“凯文，我打算让你来管进货。你知道，这对于我们商店来说很重要，只有完全能够胜任它的人才能做好。在我们的商店里有好几个和你差不多的年轻人，但是，只有你看到了这个机会，而且你凭借自己的努力，抓住了这个机会。”

凯文的薪水很快增加了。几年后，他已经是那家商店的股东了。

我们要对自己的生活保持一种高度负责的态度，多用一点心去对待，多用一份力量去努力。提醒自己，每一天都要在这崭新的日子里，播种下鲜活的幸福。这样，当时光渐渐流逝，我们在与从前的岁月相望时，才会真正地体会到心灵上的富足和愉悦。

一如成长中的我们，在自己的人生道路上，哪怕是写一篇日记，看两页书，背几十个英语单词……这些，难道不比什么都不做静止地等待时间的宣判强吗？所以说，我们要懂得珍惜时间过好每一天，不要让自己以后的日子因为往昔的任性而留下遗憾，认真生活是一种态度，我们要用良好的心态去热爱我们的一生。

参考文献

[1]刘宝江.尽管去做, 别辜负成功的另一种可能[M].北京: 台海出版社, 2016.

[2]萧萧依凡.仅有一次的人生, 就要酣畅淋漓地活[M].北京: 中国友谊出版公司, 2016.

[3]小川叔.尽管去做, 别辜负生命的另一种可能[M].北京: 中国言实出版社, 2015.

[4]段秋文.别让你的迷茫, 耽误你的人生[M].北京: 中国铁道出版社, 2017.

[5]易舒.豁达: 人生何必患得患失[M].北京: 中国华侨出版社, 2013.